So führe ich mein Team

Teams aufbauen, fördern und entwickeln

Gunnar C. Kunz

C.H.BECK

So nutzen Sie dieses Buch

Die folgenden Elemente erleichtern Ihnen die Orientierung im Buch:

Beispiele

In diesem Buch finden Sie zahlreiche Beispiele, die das Gesagte illustrieren.

Auf den Punkt gebracht

Am Ende jedes Kapitels finden Sie eine kurze Zusammenfassung des behandelten Themas.

Inhalt

Vorwort

Dieses Buch ist vorrangig an solche Führungskräfte gerichtet, die eine Führungsaufgabe neu übernommen haben und eher am Anfang ihrer Führungslaufbahn stehen. Ich gehe davon aus, dass Sie bereits erste Führungserfahrungen gesammelt haben und sich nun vertiefend mit der Frage auseinandersetzen möchten, wie Sie Ihr Team noch besser führen können. Sie profitieren wahrscheinlich auch von der Lektüre, wenn Sie zwar noch keine Führungspraxis gesammelt haben, sich aber im Vorfeld damit auseinandersetzen wollen, wie Sie unterschiedliche Anforderungen, die mit der Leitung eines Teams verbunden sind, bewältigen können.

Nach einer Einführung in die Thematik stehen einzelne Fall- und Praxisbeispiele im Vordergrund. Sie als Leser(in) übernehmen dabei gedanklich die Rolle einer Führungskraft, die mit unterschiedlichen Teamkonstellationen konfrontiert ist. Die Kernfrage lautet: Wie können Sie vorgehen, um erfolgreich zu führen? Worauf sollten Sie achten? Die gewählten Beispiele beziehen sich vorrangig auf Unternehmen, die betriebswirtschaftliche Ziele verfolgen und bei denen kundenorientierte Leistungen im Mittelpunkt stehen. Es werden herausfordernde Situationen der Teamführung beschrieben, in denen der Blick vor allem darauf gerichtet ist, wie sich die gesetzten Ziele zweckmäßig erreichen lassen. Häufig führen verschiedene Wege zum Ziel. Dementsprechend werden keine verbindlichen Lösungen präsentiert, sondern Anregungen gegeben, welche Verhaltensmöglichkeiten im Einzelnen bestehen.

Dieses Buch ist eine Einladung an Sie, sich in die geschilderten Führungssituationen hineinzuversetzen und darüber nachzudenken, welche Vorgehensweisen und Lösungsansätze Ihnen vernünftig erscheinen. Dabei spielt es sicher eine Rolle, welchen Führungsstil Sie bevorzugen, wie das Team aufgebaut ist, welche Voraussetzungen die Teammitglieder mitbringen und wie die Umstände in der Organisation jeweils genau aussehen. Das Führen von Teams wird hier verstanden als ein durch Sie persönlich geprägtes Verhaltensmuster, um Ihre Mitarbeiter für die Verfolgung anspruchsvoller Ziele zu gewinnen und erwünschte Ergebnisse gemeinsam mit Ihrem Team zu erreichen.

Ich hoffe, dass Ihnen dieses Buch hilft, Ihre eigene, individuelle Art des Führens weiterzuentwickeln und neue Erkenntnisse zu gewinnen, wie Sie komplexe Situationen der Teamführung in Ihrem Unternehmen künftig noch souveräner meistern können.

Gunnar Kunz, 2015

Führen eines Teams – worauf kommt es an?

In einem Team treffen Menschen mit unterschiedlichen Naturellen, persönlichen Voraussetzungen und fachlichen Kenntnissen und Fähigkeiten aufeinander. Teamführung bedeutet, für eine Gruppe von Personen verantwortlich zu sein und auf eine erfolgreiche Bewältigung der gestellten Aufgaben hinzuwirken. Sie als Teamleiter werden daran gemessen, wie gut Ihnen dies gelingt. In einem Unternehmen mit wirtschaftlichen Zielsetzungen können Sie als Führungskraft nur bestehen, wenn Sie diese Ziele auch erreichen. Sie werden dies nicht alleine schaffen, sondern nur gemeinsam mit Ihrem Team. Insofern sind Sie in hohem Maße davon abhängig, wie gut Ihr Team zusammenarbeitet und ob sich jeder Einzelne auf das Wesentliche konzentriert.

Ein Team zu führen setzt voraus, die der Gruppe angehörenden Mitarbeiter dafür zu gewinnen, sich für die gemeinsame Sache einzusetzen. Niemand im Team arbeitet nur für sich alleine. Vielmehr sind alle auf die unmittelbare Kommunikation und Kooperation mit den anderen angewiesen. Es nützt wenig, wenn jeder nur an seine eigenen Ziele und Leistungen denkt. Erst wenn das Zusammenspiel der Einzelbeiträge wirksam verzahnt ist und alle einen Nutzen für das gesamte Team stiften, entstehen herausragende Ergebnisse.

Ihre Verantwortung als Führungskraft

Als Führungskraft wird von Ihnen in den meisten Unternehmen erwartet, dass Sie darauf hinwirken, dass alle Mitarbeiter an einem Strang ziehen. Jedes Teammitglied soll sich auf seine Stärken und Kernaufgaben konzentrieren, gleichzeitig aber auch das gemeinsame Ziel im Auge behalten. Dazu ist es am besten, wenn Sie die übergeordneten Anforderungen verdeutlichen und jedem Einzelnen bewusst machen, welchen Leistungsbeitrag Sie von ihm erwarten. Maßgebend sind für Sie als Teamleiter vorrangig die Unternehmensziele, z. B. in den Bereichen Finanzen und betriebswirtschaftliche Ergebnisse, Kunden- und Marktorientierung, Prozesse und Innovationen oder Produktqualität und Mitarbeiterentwicklung. Wie auch immer die ausschlaggebenden Unternehmensziele aussehen, Ihre Rolle besteht darin, die strategischen Absichten in richtungsweisende Ziele für Ihre eigene Organisationseinheit zu übersetzen. Sie haben dabei den Auftrag, gemeinsam mit Ihrem Team auf die Erreichung der übergeordneten Ziele hinzuwirken.

Sie sind in eine Verantwortungshierarchie eingebunden, in der Sie selbst danach beurteilt werden, wie gut Sie diese Zielerreichung unterstützen. Dazu gehört, die funktionalen Abläufe hin zum Kunden fortlaufend zu optimieren und zu vereinfachen. Typische Ziele lauten: Kundenzufriedenheit verbessern, Wirtschaftlichkeit erhöhen, Produktqualität steigern oder auch die Zusammenarbeit mit Nachbarbereichen weiterentwickeln, um Synergien im gesamten Unternehmen herbeizuführen.

Teamführung bedeutet, einzelne Mitarbeiter entsprechend ihren jeweiligen Fähigkeiten einzusetzen, Ziele und Aufgabenschwerpunkte individuell abzustimmen und die interne Kommunikation und Kooperation zu verbessern. Dazu gehört, einzelne Mitarbeiter zu fördern und zu motivieren, den Teamgeist zu stärken und gelegentlich aufkeimende Konflikte frühzeitig zu entschärfen. Neben der Ausrichtung auf betriebswirtschaftliche und fachliche Zielerreichung sollte Ihr Blick deshalb immer auch auf die zwischenmenschlichen Beziehungen gerichtet sein:

- Wie gelingt ein konstruktives Miteinander im Team?

- Wie wird untereinander möglichst reibungslos informiert und kommuniziert?

- Wie kann der Leistungsbeitrag eines Einzelnen wirksamer mit den Leistungen der anderen verzahnt werden?

- Wie rücken die gemeinsamen Teamziele stärker in den Vordergrund?

- Wie wird der übergeordnete Auftrag des Teams, die gemeinsame „Teammission", besser als Orientierungsrahmen erkennbar?

Merkmale eines guten Teams

Damit ein Team effektiv arbeitet, kommt es nicht nur auf die fachlichen Voraussetzungen der einzelnen Teammitglieder an. Selbst wenn hervorragende Fachkräfte und Spezialisten in einer Arbeitsgruppe tätig sind, ist dies kein Garant für eine hohe Teamproduktivität. Damit das Know-how der Mitarbeiter zum Tragen kommt und eine überzeugende Gesamtleistung entsteht, müssen noch etliche weitere Bedingungen erfüllt sein, zum Beispiel:

- Die Teammitglieder identifizieren sich mit ihren Aufgaben und bringen das nötige Engagement mit, um sich auf die gestellten Anforderungen zu konzentrieren.

- Jeder Einzelne ist bereit, mit den anderen Mitarbeitern im Team offen zu kommunizieren und zu kooperieren. Dazu gehört es, Informationen zügig weiterzugeben und auf andere zuzugehen, wenn unvorhergesehene Barrieren und Widerstände bei der Aufgabenerledigung auftauchen.

- Die Unternehmenskultur fördert Teamleistungen durch Anreize für gemeinschaftliches Handeln in Abteilungen und Arbeitsgruppen. Teamarbeit und -ergebnisse werden ausdrücklich gewürdigt und höher bewertet als abgegrenzte Einzelleistungen, die nicht hinreichend auf den Auftrag des Teams bezogen sind.

- Einzelkämpfertum, persönliche Profilierung auf Kosten anderer oder unproduktives Konkurrenzdenken werden kritisch gesehen und sanktioniert. Führungskräfte fördern das übergreifende Teamdenken durch die ausdrückliche Würdigung positiver Teambeiträge, auch über Abteilungsgrenzen hinweg. Tendenzen, sich abzuschotten, und Inseldenken in einzelnen Bereichen wird konsequent entgegengewirkt.

- Überzogenem Gruppendruck und restriktivem Konsenszwang wird Einhalt geboten. Vielfältige Meinungen und unkonventionelle Denkhaltungen werden gefördert. Neuartige Herangehensweisen sind erwünscht.

- Teamdenken bedeutet nicht, dass der Einzelne sich stets der Gruppe unterordnen muss. Stattdessen herrscht eine produktive Streitkultur, in der um die beste Lösung ausdauernd und kontrovers gerungen wird.

Ein Team arbeitet meist nur suboptimal, wenn das selbstständige Denken behindert wird und sich jeder gegenüber einer vorgegebenen Gruppenmeinung zu beugen hat. Verschiedenartige, inhaltlich begründete Standpunkte der Teammitglieder sind deshalb zu würdigen. Sie stellen eine Chance dar, um weiterführende, innovative Lösungsansätze zu entwickeln. Auch gelegentliche Konflikte sollten nicht unter den Tisch gekehrt werden. Sie können durchaus positiv als Zeichen einer hohen emotionalen Beteiligung der Einzelnen beim Ringen um den besten Weg zum Ziel interpretiert werden. Wenn divergierende Positionen aufeinandertreffen und zu engagierten Kontroversen führen, ist dies kein Nachteil für eine positive Teamkultur. Persönliche Verletzungen sind aber zu vermeiden. Nach einem intensiven Schlagabtausch sollte wieder zum sachlichen Diskurs zurückgekehrt werden. Jeder hat den Auftrag, sich auf das geteilte Werteverständnis und die gemeinsame Zielsetzung im Team zu besinnen – auch mit der Verpflichtung, eine getroffene Entscheidung zu akzeptieren und aktiv an der Zielverfolgung mitzuwirken.

Ein Team kann über sich hinauswachsen, wenn die einzelnen Teammitglieder sich in ihren Stärken wirkungsvoll ergänzen, ihre Energien auf die wesentlichen Teamziele fokussieren und sich in ihren Leistungsbeiträgen auf die Kundenerwartungen ausrichten. Dazu gehört, sich für die gemeinsamen Ziele verantwortlich zu fühlen und nicht einem anderen den Ball zuzuschieben, wenn unverhofft Barrieren auftauchen. Kontraproduktiv sind pauschale Schuldzuweisungen an Dritte, falls Fehler gemacht werden oder Reklamationen eingehen. Unangemessen im Kundendialog sind dementsprechend Äußerungen wie „Dafür bin ich nicht zuständig" oder „Ich würde Ihnen ja gerne helfen, aber an anderer Stelle im Hause gibt es Probleme …".

In einem guten Team ziehen alle an einem Strang und machen nicht andere verantwortlich, wenn es einmal nicht vorangeht. Jeder bemüht sich im Rahmen seiner Möglichkeiten, zu einer Lösung beizutragen. Die gemeinsame Sache steht im Mittelpunkt, nicht die persönliche Profilierung und Selbstinszenierung.

Wie fördern Führungskräfte eine positive Entwicklung ihres Teams?

Führungskräfte können durch ihr Vorbild und ihr Verhalten gemäß einem moralischen Werteverständnis maßgeblich darauf hinwirken, dass die in einem Team schlummernden Potenziale entfaltet werden und ein positiver Teamgeist entsteht. Das Ziel besteht darin, eine offene, dialog- und feedbackorientierte Teamkultur zu stärken, in der die Meinungsvielfalt und das interdisziplinäre Denken gefördert werden. Souveräne Führungskräfte lassen abweichende Sichtweisen zu und vermeiden eine überzogene Konsensorientierung. Bevorzugt wird bei der Entscheidungsfindung nach kritischer Prüfung unterschiedlicher Optionen der jeweils beste Lösungsansatz. Der einzuschlagende Weg kann auch von Einzelnen angebahnt werden, die stichhaltig argumentieren und unorthodoxe Standpunkte abweichend von der Gruppenmehrheit plausibel vertreten. Die finale Verantwortung für die Entscheidungsfindung trägt die Führungskraft. Dabei sind auch Risiken zu beachten, die von der Gruppe nicht immer erkannt werden. Letztlich muss die Führungskraft für die Konsequenzen ihrer Entscheidung einstehen.

Damit ein Team sich weiterentwickelt und die Zusammenarbeit kontinuierlich verbessert wird, sollten die Teamleiter auf eine konstruktive Gruppenatmosphäre hinwirken. Dies kann durch verschiedene Maßnahmen gelingen:

Regelmäßige Teambesprechungen

Wichtig ist, dass in diesen Teambesprechungen nicht nur Fachthemen behandelt werden, sondern auch die Kommunikation untereinander näher beleuchtet wird. Typische Einstiegsfragen sind: Wo drückt der Schuh? Wie gehen wir miteinander um? Was können wir künftig noch besser machen, um unseren Teamauftrag im Kundeninteresse wirksam zu erfüllen?

Alle Teammitglieder in einen gemeinschaftlichen Dialogprozess einbeziehen

Die Führungskraft wirkt darauf hin, dass ihre Mitarbeiter unabhängig von Hierarchie, Position oder fachlicher Funktion gleichberechtigt an übergreifenden Fragestellungen des Teams zusammenarbeiten. Das bedeutet nicht, dass jeder Einzelne bei sämtlichen Fachfragen oder Projekten mitwirkt. Gemeint ist vielmehr, den gemeinsamen Teamauftrag und die handlungsleitende „Teammission" unter Beteiligung aller Mitarbeiter herauszuarbeiten und fortlaufend zu hinterfragen. Wie dies zweckmäßig organisiert werden kann, z. B. in Form von Team- und Abteilungsbesprechungen oder unter Nutzung von modernen Kommunikationsmedien wie etwa dem Intranet, hat die Führungskraft im Einzelfall sorgfältig zu prüfen.

Eigenverantwortliche Teamarbeit in Kleingruppen, Arbeitskreisen oder Projektgruppen mit den jeweils besten Spezialisten fördern

Das kooperative Erarbeiten von Lösungen in interdisziplinären Teams ist bei komplexen Fragestellungen grundsätzlich zu bevorzugen. Führungskräfte benötigen jedoch viel Erfahrung und Fingerspitzengefühl, um zu entscheiden, wer jeweils in einer Gruppe mitwirken und wie groß die Gruppe im Einzelfall sein sollte. Im Vorfeld ist weiterhin zu klären, wie der Arbeitsauftrag bezogen auf den Zeitrahmen, die verfügbaren Kapazitäten und das Budget lauten sollte.

Kritisch abwägen, wann eine Arbeitsgruppe tatsächlich sinnvoll ist

Selbst wenn im Unternehmen teamorientiert gedacht und gehandelt wird, bedeutet dies nicht, sämtliche Fragestellungen stets in einer Gruppe bearbeiten zu lassen. Gelegentlich ist es effizienter, wenn einzelne Spezialisten Konzepte, Lösungsansätze oder Projektskizzen entwickeln, die erst später im gesamten Team oder in einer kleinen Arbeitsgruppe diskutiert werden. Führungskräfte sollten darauf achten, vorhandene Ressourcen wirksam und sparsam einzusetzen. Eine Arbeitsgruppe kann auch im zweiten Schritt einberufen werden, wenn bereits unterschiedliche Lösungsansätze im Vorfeld entwickelt wurden und anschließend näher begutachtet und kritisch geprüft werden sollen.

Trotz starker Orientierung an der gemeinschaftlichen Teamproduktivität individuelle Leistungsbeiträge fördern

Selbst wenn das Erreichen der Teamziele hohe Priorität hat, darf dies nicht die persönliche Leistungsbereitschaft hemmen, Leistungsträger demotivieren oder gar den Einzelnen entmündigen. Eine gute Teamleistung ist mehr als nur die Summe der einzelnen Beiträge: Jeder sollte die Chance erhalten, sein Bestes zu geben und gemäß den Anforderungen optimal eingesetzt zu werden. Durch bewusste Personalentwicklung, konsequente Delegation und individuelle Zielvereinbarungen schafft eine Führungskraft günstige Voraussetzungen, damit alle Teammitglieder optimale Leistungen erbringen können. Im besten Fall arbeitet jeder Mitarbeiter gemäß seinen Potenzialen, Stärken und Erfahrungen engagiert an abwechslungsreichen und herausfordernden Problemstellungen, ohne überfordert zu werden.

Praxis der Teamführung

Wenn Sie als Führungskraft in einem Unternehmen tätig sind, benötigen Sie viel Einfühlungsvermögen, Flexibilität und Augenmaß im zwischenmenschlichen Umgang mit Ihren Mitarbeitern, um Ihre Ziele zu erreichen. Die meisten Führungssituationen sind einzigartig und erfordern von Ihnen ein Gespür für das jeweils angemessene Verhalten, um den gestellten Anforderungen gerecht zu werden. Sie können nicht nach einem allgemeinen Schema vorgehen, sondern müssen genau analysieren, welche Vorgehensweise der entsprechenden Praxissituation gerecht wird. Typische Fragen lauten:

- Wie sprechen Sie wertschätzend und rücksichtsvoll die jeweiligen Mitarbeiter an, um Ziele und Leistungserwartungen einerseits und persönliche Bedürfnisse und Interessen andererseits in Einklang zu bringen?

- Wie erreichen Sie, dass in Ihrem Team gemeinsam an tragfähige Problemlösungen herangegangen wird?

- Wie vermeiden Sie Einzelkämpfertum und eine unzureichende Abstimmung untereinander?

- Wie gehen Sie mit unvorhergesehenen Barrieren und Widerständen bei der Teamarbeit um?

- Wie erzielen Sie die nötige innere Akzeptanz Ihrer Mitarbeiter für ein gewähltes Vorgehen, damit sie motiviert sind und sich mit dem nötigen Einsatz für die Zielerreichung engagieren?

Als Führungskraft können Sie oftmals nur Anregungen und Impulse geben, um die Zielverfolgung und fachlich kompetente Aufgabenerledigung im Team zu fördern. Die eigentliche Arbeit muss von Ihren Mitarbeitern erledigt werden – zumindest dann, wenn Sie angemessen delegieren, Verantwortung übertragen und Ihren Mitarbeitern weitreichende Entscheidungskompetenzen gewähren, damit sie unabhängig von Ihnen die gestellten Anforderungen bewältigen können. Ihre Rolle ist gemäß einem modernen Führungsverständnis eher diejenige des Unterstützers und Prozessbegleiters, der dem Team hilft, effektiv zu kooperieren, um die Kundenerwartungen zu erfüllen.

Am besten ist es, wenn Sie Ihr Führungsverhalten als Teamleiter entsprechend ausrichten: Regen Sie Ihre Mitarbeiter
dazu an, die Wünsche der Kunden sorgfältig zu analysieren,
sich gemeinschaftlich im Team auf die Aufgabenerfüllung
zu konzentrieren und vorhandene Ressourcen wirtschaftlich
und zweckmäßig einzusetzen. Weniger gefragt sind einseitige Vorgaben, unvermittelte Anweisungen oder fortlaufende
Kontrollen, die in eine erteilte Delegation eingreifen. Setzen
Sie stattdessen vorrangig auf ein kommunikatives und durch
Vertrauen geprägtes Leitungsverhalten, bei dem Sie Ihren
Mitarbeitern weitgehenden Spielraum für eigenständiges
Handeln gewähren.

Welche Anforderungen werden an Ihr Führungsverhalten
in der Praxis gestellt? Die nachfolgenden Empfehlungen
vermitteln Ihnen hierzu einige Anregungen.

- Verdeutlichen Sie als Führungskraft die übergeordneten
  Ziele: Machen Sie verständlich, welchen strategischen
  Beitrag Ihr Team zu leisten hat. Übersetzen Sie Unterneh-
  mens- und Bereichsziele in die „Sprache" Ihrer Mitarbeiter. Erläutern Sie, warum der Beitrag jedes Einzelnen von
  hoher Bedeutung ist, um die gesteckten Ziele gemeinsam
  zu erreichen.

- Bemühen Sie sich darum, selbst als Vorbild zu wirken und
  glaubwürdig zu handeln: Gehen Sie mit gutem Beispiel
  voran. Veranschaulichen Sie maßgebliche Werte im Unternehmen durch Ihr eigenes Handeln. Treten Sie bere-
  chenbar, zuverlässig, freundlich und zuvorkommend auf.
  Lassen Sie kundenorientiertes Denken und Handeln im
  Tagesgeschäft erkennen. Behandeln Sie Ihre Mitarbeiter
  so, dass sie sich von Ihnen anerkannt fühlen. Zeigen Sie

in angemessener Form Ihre Gedanken und Gefühle, aber vermeiden Sie impulsives Verhalten, das Einzelne verletzen oder irritieren könnte.

• Setzen Sie sich für Ihr Team ein, indem Sie den Dialog und die Kooperation untereinander fördern: Streben Sie an, den Teamgeist durch regelmäßige Teambesprechungen zu festigen. Konsultieren Sie Ihre Teammitglieder bereits in der Phase der Entscheidungsfindung. Gewähren Sie ihnen Freiräume bei der selbst organisierten Teamarbeit. Lassen Sie sich dabei jedoch nicht von abstrakten Harmonievorstellungen leiten: Stellen Sie sich auf gelegentlich unterschiedliche Standpunkte ein, die heftig im Team aufeinanderprallen können. Fördern Sie eine offene Kommunikation und gegenseitiges Zuhören. Greifen Sie beherzt ein, wenn Sachargumente gegenüber persönlichen Attacken in den Hintergrund treten. Fördern Sie kontroverse Diskussionen, sofern sie der gemeinsamen Sache dienen. Beim Erörtern strittiger Fachfragen sollte auch in turbulenten Diskussionsphasen ein besonnener und respektvoller Umgang miteinander gewahrt werden.

• Kümmern Sie sich nicht nur um die Entwicklung Ihres Teams insgesamt, sondern auch um die Förderung jedes Einzelnen. Fragen Sie sich: Welche Aufgabenschwerpunkte sind für die jeweiligen Teammitglieder sinnvoll? Welche Ziele sollten mit Ihren Mitarbeitern vereinbart werden? Wie können Sie die Aufgabenerledigung unterstützen und begleiten, z. B. durch Beratung, Coaching oder individuelle Hilfestellungen? Machen Sie sich darüber Gedanken, wie Sie das Vertrauensverhältnis zu Ihren Teammitgliedern weiter vertiefen können. Jeder sollte den Eindruck gewinnen, dass Sie sein berufliches Vorankommen fördern. Setzen Sie sich mit den vorhandenen Stärken und Potenzialen in Ihrem Team näher auseinander: Der Einzelne sollte nicht nur seinen Job gut machen, sondern an seinen Aufgaben wachsen und sich an neuen Herausforderungen persönlich weiterentwickeln. Dabei sind Über- oder Unterforderungen zu vermeiden. Denken Sie auch darüber nach, wie Sie einem Mitarbeiter zur Seite stehen können, wenn er persönliche Nöte oder Sorgen an Sie heranträgt und sich nicht wie gewohnt auf seine Aufgaben konzentrieren kann.

- Streben Sie an, durch ein einfühlsames Kommunikationsverhalten Ihren Mitarbeitern Raum für die Darstellung eigener Sichtweisen zu geben: Hören Sie aktiv zu. Nehmen Sie den Blickwinkel Ihres Gegenübers ein. Reagieren Sie achtsam im zwischenmenschlichen Dialog und vermeiden Sie Bevormundungen und belehrende Ratschläge. Verzichten Sie auf Monologe, einseitige Bewertungen oder Bemerkungen, die von Ihren Mitarbeitern als Abwertung wahrgenommen werden können. Geben Sie Ihren Mitarbeitern die Gelegenheit, persönliche Haltungen in Ruhe darzustellen. Nehmen Sie ihre Verfahrensvorschläge zu einzelnen Problemstellungen entgegen und überdenken Sie Ihre eigenen Positionen im Nachgang, sofern Sie abweichende Meinungen wahrnehmen. Bemühen Sie sich um ein hohes Maß an Partizipation bei der Entscheidungsfindung.

- Verstehen Sie sich nicht nur als Vorgesetzter, sondern auch als Dienstleister für Ihr Team: Nur gemeinsam mit Ihren Mitarbeitern können Sie Ihre Ziele erreichen. Je engagierter Ihre Mitarbeiter ehrgeizige Ziele verfolgen und je stärker sie sich mit den gestellten Aufgaben identifizieren, desto eher werden Sie als Führungskraft erfolgreich sein. Eine hohe Mitarbeiterzufriedenheit, eine positive Einstellung zu den Anforderungen und eine gute Teamatmosphäre sind wichtige Voraussetzungen dafür, dass unter beanspruchenden Bedingungen im Tagesgeschäft effektiv gearbeitet werden kann. Rückhalt und gegenseitiges Vertrauen erleichtern es, gelegentlich unvermeidliche Belastungen im Arbeitsumfeld durchzustehen.

Hinweise zur weiteren Gliederung des Buches

In den folgenden Kapiteln werden einzelne Führungssituationen beschrieben, mit denen Sie in ähnlicher Form in der Unternehmenspraxis konfrontiert sein können. Es handelt sich um beispielhafte Fallbeschreibungen, die es Ihnen ermöglichen, sich in verschiedene Praxissituationen hineinzudenken. Ich werde Sie hierzu persönlich ansprechen: Verstehen Sie sich dabei bitte gedanklich als eine Führungskraft, die die jeweiligen Anforderungen in bestimmten Situationen konstruktiv zu bewältigen versucht. Versetzen Sie sich in die Rolle eines Teamleiters, der unter teils schwierigen Bedingungen versucht, seiner Führungsaufgabe gerecht zu werden.

Bedenken Sie: Meist gibt es keine allgemeingültigen Problemlösungen, die sich anhand schematischer Regeln und ohne genaue Situationsanalyse beschreiben lassen. Jede Führungskraft hat ihr eigenes Naturell und handelt individuell aufgrund der eigenen gesammelten Erfahrungen,

Einstellungen und Verhaltensgewohnheiten. Kompetente Führung ist immer auf die Umfeldbedingungen, die jeweiligen Mitarbeiter, die gesteckten Ziele und den übergreifenden Unternehmenskontext auszurichten. Insofern empfehle ich Ihnen, Ihren eigenen Weg zu beschreiten, den Weg, der zu Ihnen und Ihrer Führungspersönlichkeit am besten passt. Es ist nicht mein Anliegen, Ihnen pauschale Patentrezepte zu vermitteln, die allenfalls eine Scheinsicherheit bieten, wie in komplexen Führungssituationen zu handeln ist.

Verstehen Sie die nachfolgenden Fallbeschreibungen als Chance, um sich mit der Führungsrealität in Ihrem eigenen Unternehmen näher auseinanderzusetzen. Vielleicht erkennen Sie Parallelen – oder es wird Ihnen anhand einzelner Beispiele bewusst: Es gibt Verhaltensalternativen, die zweckmäßiger sind als Ihr bisheriges Handeln als Führungskraft. Nutzen Sie die Auseinandersetzung mit den Beispielen, um Ihr eigenes Vorgehen kritisch zu überprüfen. Streben Sie an, durch Selbstreflexion zu neuen Erkenntnissen zu gelangen, wie Sie Ihr Team künftig noch souveräner führen.

Führungssituationen in der Praxis: Fallbeispiele

Ein neues Team aufbauen

> *Beispiel*
>
> *Sie haben als Leiter der Rechtsabteilung in Ihrem Kreditinstitut den Auftrag erhalten, ein erweitertes Team zusammenzustellen, um dem gestiegenen Aufwand bei der Bearbeitung von Rechtsfragen im Tagesgeschäft gerecht zu werden. Bisher haben Sie nur mit einem Assistenten zusammengearbeitet, der Sie als Sachbearbeiter bei Ihren Aufgaben unterstützt hat. Inhaltliche Fachfragen, die von der Geschäftsleitung oder den Leitern der Bereiche an Sie herangetragen werden, bearbeiten Sie derzeit weitgehend alleine.*
>
> *Durch die internationale Orientierung Ihres Hauses sind künftig verstärkt Vertragsangelegenheiten im grenzüberschreitenden Kreditgeschäft rechtlich zu prüfen. Außerdem führt die zunehmend auf das Internet gestützte Verarbeitung von Banktransaktionen zu neuen Problemstellungen, für die ein Spezialist im Onlinebanking benötigt wird. Darüber hinaus sind aufgrund eines ausgeweiteten Produktportfolios Ihres Instituts spezielle Anlageformen, z. B. im Fondsgeschäft, näher zu begutachten. Sie verfolgen nun das Ziel, hierfür baldmöglichst drei kompetente Rechtsexperten zu finden und reibungslos in Ihr Team zu integrieren.*

Situationsbetrachtung

Als Teamleiter stehen Sie vor der Aufgabe, in einem überschaubaren Zeitraum neue Mitarbeiter zu finden, die dem
fachlichen Anforderungsprofil gerecht werden. Sie sind einerseits erfreut, dass Sie nun ein kleines Team aufbauen
können, und versprechen sich dadurch auch einen höheren
Stellenwert der Rechtsabteilung im Unternehmen. Andererseits sind qualifizierte Spezialisten mit der geforderten Erfahrung und dem nötigen Fachwissen am Markt nicht leicht zu
finden. Sie denken darüber nach, ob eine Nachwuchskraft
aus dem eigenen Haus dafür gewonnen werden könnte, sich
mit einem der Rechtsgebiete vertraut zu machen.

Zur Bearbeitung der komplexeren Fachfragen, z. B. im internationalen Vertragsrecht, benötigen Sie jedoch auf jeden Fall
erfahrene Referenten, die über eine fundierte Ausbildung
verfügen und im Idealfall bereits einige Jahre an ähnlichen
Themen gearbeitet haben. Wahrscheinlich werden Sie mehrere Monate benötigen, um geeignete Kandidaten zu finden. Stellen Sie sich daher darauf ein, dass Sie erst nach und
nach passende Spezialisten ausfindig machen und sie dann
schrittweise in Ihr Team aufnehmen können.

Die künftigen Mitarbeiter sollen nicht nur die fachlichen Anforderungen erfüllen, sondern auch durch Persönlichkeits-
und Sozialkompetenz überzeugen und dadurch im Haus
rasch Akzeptanz finden. Sie wollen die Personalabteilung
frühzeitig einbinden, um passende Kandidaten zu suchen
und gezielt auszuwählen.

Chancen

Sie versprechen sich von der Herausforderung, ein kleines Team aufzubauen, einen großen Schritt nach vorn: Bisher waren Sie weitgehend auf sich gestellt, nun kommt eine „echte" Leitungsaufgabe auf Sie zu. Um geeignete Kandidaten zu finden, die gut in Ihr Team hineinpassen, wollen Sie sich viel Zeit für Gespräche mit den Bewerbern nehmen. Dazu beabsichtigen Sie, jeweils einen Personalreferenten hinzuzuziehen.

Sie wünschen sich ein heterogenes Team, in dem Mitarbeiter unterschiedlichen Alters, Geschlechts, Charakters und mit jeweils spezifischen Fachkenntnissen zusammengeführt werden. Dadurch ergäben sich Ihres Erachtens gerade in der interdisziplinären Zusammenarbeit vielfältige neue Impulse.

Sie haben sich vorgenommen, gleich zu Beginn eine gute Teamatmosphäre aufzubauen und einen ausführlichen Einarbeitungsplan für jeden neuen Mitarbeiter zu entwerfen. Gerade in der Startphase möchten Sie den neuen Teammitgliedern den Einstieg durch persönliches Coaching, Beratung und Qualifizierung erleichtern. Dazu werden Sie auch Ihren bisherigen Assistenten einbinden, der sich durch neue Kollegen eine fachliche und persönliche Bereicherung verspricht.

Ihre Vorgesetzten gewähren Ihnen freie Hand, um die passenden Mitarbeiter zu finden. Die anstehenden Personalentscheidungen wollen Sie gemeinsam mit Ihrem direkten Vorgesetzten, dem Bereichsleiter, erörtern, um sich seine Zustimmung und Unterstützung zu sichern.

Herausforderungen

Sie können derzeit nicht abschätzen, wie lange der Suchprozess dauern wird. Im eigenen Haus sind keine ausreichend
kompetenten Rechtsexperten vorhanden. Eine Nachwuchskraft aufzubauen kann unter Umständen Monate, wenn
nicht Jahre dauern. Selbst wenn Sie qualifizierte Fachreferenten finden, wissen Sie nicht, ob sich die Betreffenden
längerfristig an Ihr Institut binden werden. Insofern wird es
voraussichtlich nicht auf Anhieb gelingen, ein stabiles Team
aufzubauen.

Neue Mitarbeiter in der Rechtsabteilung benötigen nach
Ihrer Einschätzung eine längere Einarbeitungsphase, um die
besonderen Usancen in Ihrem Haus, z. B. im Fondsgeschäft,
kennenzulernen. Selbst wenn Sie zügig geeignete Referenten gewinnen können, erwarten Sie eine reibungslose Zusammenarbeit erst mit erheblicher Verzögerung. Dabei wird
es vor allem darauf ankommen, ob die neuen Mitarbeiter
gut miteinander harmonieren. In der Teamfindungsphase
können gerade bei einem heterogenen Team eine Reihe
von Spannungen und Konflikten auftreten. Dies sind aber
zum gegenwärtigen Zeitpunkt Spekulationen, da geeignete
Mitarbeiter erst noch gefunden werden müssen.

Sie machen sich auch Gedanken darüber, ob Ihr Assistent
mit den neuen Mitarbeitern später gut klarkommen wird.
Am besten wäre es, wenn für ihn eine Perspektive zur beruflichen Weiterentwicklung in naher Zukunft erkennbar wird.

Empfohlene Maßnahmen

Entwerfen Sie gemeinsam mit Ihrem Vorgesetzten und dem Personalbereich ein präzises Anforderungsprofil für die neuen Mitarbeiter. Nutzen Sie das Know-how der Fachabteilung Personalwesen, um möglichst schnell passende Kandidaten zu finden.

Prüfen Sie, ob in anderen Bereichen des Hauses interne Kandidaten vorhanden sind, die durch eine ergänzende berufsbegleitende Qualifizierungsmaßnahme zu Rechtssachbearbeitern oder Fachreferenten ausgebildet werden können.

Führen Sie ein ausführliches Gespräch mit Ihrem Assistenten, um seine beruflichen Zukunftswünsche besser kennenzulernen. Klären Sie dabei, ob er eventuell durch eine gezielte Weiterbildung mittelfristig eine Referentenposition übernehmen kann. Erstellen Sie mit ihm ergänzend einen individuellen Entwicklungsplan.

Wenn Sie geeignete Bewerber gefunden haben, führen Sie intensive Gespräche unter Einbeziehung eines Personalreferenten, um die fachlichen und persönlichen Voraussetzungen zu prüfen. Stellen Sie nur Mitarbeiter ein, die auch die charakterlichen und zwischenmenschlichen Anforderungen erfüllen, damit Sie von vornherein mit guten „Teamplayern" rechnen können.

Sobald Sie einen neuen Mitarbeiter eingestellt haben, konzipieren Sie mit ihm einen Einarbeitungsplan, vereinbaren Sie gemeinsame Ziele und führen Sie regelmäßige Coaching-Mitarbeitergespräche. Dazu gehören begleitende Check-ups zum Verlauf der Einarbeitung, wozu Sie erfahrene Kollegen, z. B. als Paten oder Mentoren, einbeziehen.

Führen Sie regelmäßige gemeinsame Teambesprechungen mit allen Mitarbeitern ein. Dabei werden nicht nur aktuelle fachliche Fragen, sondern auch der Informationsaustausch und die Kommunikation untereinander erörtert.

Nehmen Sie sich vor, das Teambuilding mit den neuen Mitarbeitern durch Workshops und gemeinsame Aktivitäten auch außerhalb der Firma zu unterstützen. Bitten Sie die Mitarbeiter zu gegebener Zeit darum, hierzu eigene Vorschläge einzubringen, jedoch ohne Druck aufzubauen. Passende Initiativen sollen von den Mitarbeitern selbst entwickelt werden.

Erwarten Sie von den neuen Mitarbeitern nicht zu viel. Gestehen Sie den Betreffenden genügend Zeit zur Einarbeitung und Eingewöhnung zu.

Der Aufbau eines erweiterten Teams wird voraussichtlich auch Ihre eigene Arbeitszeit in den ersten Monaten in hohem Maße in Anspruch nehmen.

Auf den Punkt gebracht

Der Aufbau eines neuen Teams ist eine anspruchsvolle Führungsaufgabe und erfordert viel Engagement und Geduld. Wenn mehrere neue Mitarbeiter zu integrieren sind, kann der Suchprozess lange dauern und gerade in der Startphase ein vielfältiger Klärungs- und Abstimmungsbedarf herrschen.

Führen Sie neue Mitarbeiter durch Einfühlungsvermögen, persönlichen Dialog und begleitendes Coaching schrittweise an eine kompetente Aufgabenerfüllung heran. Unterstützen Sie sie dabei, mit der Unternehmenskultur vertraut zu werden und interne Netzwerke zu bilden. Neben den fachlichen Kriterien spielen Aspekte der Persönlichkeits- und Teamkompetenz bei der Förderung der neuen Mitarbeiter eine große Rolle.

Konflikte und Spannungen bleiben in der Teamentwicklung kaum aus. Ihr Führungsverhalten sollte dementsprechend durch Achtsamkeit, Klärungskompetenz und Moderationsvermögen geprägt sein. Individuelle Personalentwicklungspläne und Zielvereinbarungen können dazu beitragen, Ihren Mitarbeitern Orientierung zu vermitteln und Perspektiven aufzuzeigen.

Interdisziplinäre Teamarbeit fördern

Beispiel

Sie sind als Leiter der Abteilung Forschung und Entwicklung eines Unternehmens der Pharmabranche für neue Produktentwicklungen zuständig. Sie führen ein Team von sieben Mitarbeitern, in dem neben einer Assistentin mehrere Forscher und Pharmakologen tätig sind. Um neue Medikamente zu entwickeln, sind aufwendige Prüfserien nötig, in denen der Nutzen einzelner Präparate in längerfristig angelegten Testverfahren im Labor geprüft wird. Dabei muss nachgewiesen werden, dass neue Medikamente gegenüber vorhandenen Präparaten Vorteile haben, z. B. im Hinblick auf den therapeutischen Wert bei bestimmten Erkrankungen. Gleichermaßen müssen unerwünschte Nebenwirkungen und mögliche Gesundheitsrisiken für potenzielle Anwender und Patienten in klinischen Studien sorgfältig eruiert werden.

Ihre Mitarbeiter sind es gewohnt, häufig in zeitlich befriste-
ten Projekten zu arbeiten, die jeweils mit unterschiedlichen
Projektmitarbeitern besetzt sind. Als Teamleiter entscheiden
Sie, wer in welchen Teams und Projekten eingesetzt wird.
Gemeinsam mit einzelnen Projektleitern, die oft aus anderen
Bereichen Ihres Unternehmens stammen, tragen Sie Verant-
wortung für die effektive Steuerung der neu angesetzten
Projekte. Darüber hinaus liegt es in Ihrer Verantwortung, die
kompetente Erledigung der dauerhaft anfallenden Kernauf-
gaben in Ihrem eigenen Team sicherzustellen.

Situationsbetrachtung

Als Teamleiter sind Sie dafür zuständig, Ihre Mitarbeiter
sinnvoll einzusetzen. Dazu müssen Sie viele Entscheidungen treffen: Ist ein Mitarbeiter für die anstehenden Routi-
neaufgaben in Ihrem Team, z. B. bei labortechnischen und
pharmakologischen Untersuchungen, unabkömmlich oder
kann er auch zusätzlich in einem oder mehreren temporären
Projekten tätig werden? Dabei hätte der Betreffende parallel
Team- und Projektarbeiten zu erledigen. Gleichermaßen
gibt es anspruchsvolle Projekte, bei denen ein Mitarbeiter
über mehrere Wochen ausschließlich in zeitlich befristeten
Projektaufgaben eingesetzt wird.

Wenn viele Ihrer Mitarbeiter in unterschiedlichen Projekten arbeiten, tritt für Sie gelegentlich eine Engpasssituation
auf: Sie können deshalb nicht alle Mitarbeiter für Projekte
abstellen, ohne die wesentlichen Aufgaben in Ihrer eigenen Abteilung zu vernachlässigen. Falls fachlich qualifizierte
Mitarbeiter vorrangig in Projekten arbeiten, fehlen sie Ihnen
im eigenen Team.

Darüber hinaus haben Sie mögliche Kommunikationsbarrieren zu beachten: Unter Umständen arbeiten zwar Spezialisten an einer Sonderaufgabe oder an einem speziellen Projekt gute zusammen, aber damit ist noch nicht sichergestellt, dass der Know-how-Transfer in den jeweiligen Arbeitsgruppen reibungslos funktioniert. Dies kann beispielsweise darauf zurückzuführen zu sein, dass die Mitarbeiter unterschiedliche problembezogene Denkhaltungen oder methodische Herangehensweisen gewohnt sind.

Chancen

Viele anfallende Problemstellungen, sowohl in Ihrem Team als auch in temporären Projekten, erfordern das Zusammenwirken kompetenter Mitarbeiter aus unterschiedlichen Fachrichtungen. Forscher, Pharmakologen, Mediziner, Laborspezialisten oder Chemiker müssen konstruktiv kooperieren, damit gute Ergebnisse erzielt werden. Darüber hinaus sind oftmals auch Vertreter aus dem Controlling, dem Vertrieb, dem Marketing, der IT oder aus juristischen Bereichen in einzelne Arbeitsgruppen eingebunden.

Überzeugende Ergebnisse werden aus Ihrer Sicht gerade dann erzielt, wenn verschiedene Experten gemeinsam an die Lösungsfindung herangehen. Beleuchten Mitarbeiter aus unterschiedlichen fachlichen Disziplinen eine komplexe Fragestellung im Team, werden gemäß Ihrer Erfahrung fruchtbare neue Ideen entwickelt und Problemaspekte frühzeitig erkannt.

Sie sind deshalb der interdisziplinären Arbeit in Teams und Projekten gegenüber sehr aufgeschlossen. Ihres Erachtens ist nicht nur der heterogene fachliche Hintergrund der Mitwirkenden in den Arbeitsgruppen wichtig. Auch dass unterschiedliche persönliche Naturelle und analytische Zugangsweisen aufeinandertreffen, erachten Sie als wünschenswert und produktiv. In Ihrem Fachgebiet wird gerade durch eine vielschichtige Betrachtung der jeweiligen Problemstellungen eine hohe Lösungsorientierung und Ergebniseffizienz erzielt. Dies erfordert einen offenen, fachübergreifenden und konsensorientierten Dialog.

Herausforderungen

Projektarbeiten laufen manchmal zäh an, wenn Spezialisten aus unterschiedlichen Fachrichtungen zusammenkommen: Die Vertreter der einzelnen Disziplinen benötigen eine gewisse Zeit, um eine „gemeinsame Sprache" zu finden. Es wird vergleichsweise lange darüber diskutiert, wie ein Problem überhaupt anzugehen ist. Jeder beleuchtet eine bestimmte Fragestellung zunächst aus seinem eigenen Blickwinkel. Wie ein Kollege aus einer anderen Fachrichtung an das Problem herangeht, kann zeitweise nicht nachvollzogen werden oder wird schlicht als falsch interpretiert. Ab und zu kommt es zu Missverständnissen. Einzelne Beteiligte stellen gelegentlich die personelle Zusammenstellung einer Projektgruppe grundsätzlich infrage, wenn ein Projekt ins Stocken gerät.

Typische Äußerungen von Projektmitarbeitern lauten: „Können wir das Ganze nicht schneller bearbeiten, wenn nicht so viele unterschiedliche Spezialisten beteiligt sind?", oder: „Sollten wir die Fragestellung nicht zunächst aus unserem Blickwinkel betrachten, bevor wir weitere Fachrichtungen einbeziehen?"

Mitunter können Sie nicht nachvollziehen, warum einzelne Arbeitsgruppensitzungen so schleppend verlaufen. Vereinzelt nehmen Sie bei Projektbeteiligten Ressentiments gegenüber anderen Disziplinen wahr, was den fachübergreifenden Austausch hemmt. Sie führen dazu zuweilen kontroverse Diskussionen mit Projektleitern, die Ihres Erachtens vor allem darauf schauen, rasch Ergebnisse vorzuzeigen, und die Gruppendynamik in den Projektgruppen nicht immer so steuern, wie Sie es für nötig erachten.

Empfohlene Maßnahmen

Prüfen Sie im Vorfeld einer neuen Aufgabenstellung, welche Mitarbeiter aus Ihrem Team am besten geeignet sind, um zu einer guten Lösung beizutragen. Bemühen Sie sich darum, die Betreffenden dafür zu gewinnen, sich mit Spezialisten anderer Fachrichtungen zu einem konstruktiven Gedankenaustausch in einer Arbeitsgruppe zusammenzufinden.

Achten Sie darauf, dass die anstehenden Arbeiten in Ihrem Team und in zeitlich befristeten Projekten ausgewogen verteilt sind. Machen Sie sich bewusst: Ihre Leistung als Führungskraft wird sowohl danach bewertet, in welchem Maße die Kernaufgaben in Ihrer Abteilung erledigt werden, als auch danach, inwieweit Sie zum Erfolg der einzelnen Schlüsselprojekte Ihres Unternehmens beitragen.

Fördern Sie die interdisziplinäre Zusammenarbeit in temporären Arbeitsgruppen und stellen Sie Mitarbeiter dafür ab, sofern dies aus übergeordneter Unternehmenssicht zweckmäßig ist. Damit Arbeitsgruppen gut anlaufen, investieren Sie Zeit und Energie dafür, sowohl in Gruppen- als auch in

Einzelgesprächen auf eine förderliche, fachübergreifende Zusammenarbeit hinzuwirken.

Achten Sie darauf, aufkeimende Spannungen frühzeitig zu erkennen und zu bearbeiten. Sprechen Sie mit Ihren Mitarbeitern darüber, wie vorzugehen ist, wenn Vertreter unterschiedlicher fachlicher Disziplinen gemeinsam an eine anspruchsvolle Aufgabenstellung herangehen. Werben sie dafür, beharrlich aufeinander zuzugehen und nicht vorzeitig aufzugeben.

Stimmen Sie sich frühzeitig mit Projektleitern ab, wenn Kapazitätsengpässe drohen oder Mitarbeiter durch das parallele Arbeiten in mehreren Projekten möglicherweise überfordert werden. Stellen Sie durch begleitende Einzelgespräche sicher, dass Ihre Mitarbeiter die anstehenden Aufgaben leisten können, ohne an ihre Grenzen zu stoßen.

Klären Sie im zentralen Projektlenkungsausschuss Ihres Unternehmens Auftraggeber, Prioritäten, Personalkapazitäten und Budgets insbesondere für diejenigen Projekte, die Ihr Team betreffen. Lassen Sie sich die Projektpläne, das Projektcontrolling und die Erfolgskriterien von den verantwortlichen Projektleitern erläutern. Machen Sie sich über die einzelnen Projekte bereits im Vorfeld kundig, um zu deren erfolgreichem Verlauf beizutragen.

Wenn ein Mitarbeiter sich zu viel vorgenommen hat oder eine Aufgabe nicht eigenständig bewältigen kann, bieten Sie Ihre Unterstützung an. Suchen Sie durch persönliche Beratung gemeinsam mit dem Betreffenden nach einer Lösung. Schützen Sie den Mitarbeiter gegebenenfalls vor überzogenen Erwartungshaltungen zu seinem Leistungsbeitrag in einzelnen Projekten.

Auf den Punkt gebracht

Nur eine wirkungsvolle, interdisziplinäre Team- und Projektarbeit führt zu überzeugenden Leistungen und nachhaltigen Ergebnisse. Fördern Sie im Rahmen Ihrer Möglichkeiten die fach- und abteilungsübergreifende Kooperation und Kommunikation. Für anstehende Projekte entsenden Sie Mitarbeiter, die gemäß dem fachlichen und persönlichen Anforderungsprofil am besten geeignet erscheinen, um zum Projekterfolg beizutragen. Bieten Sie Ihren Mitarbeitern Beratung, Coaching und Unterstützung an, damit die Ziele sowohl in Ihrem Team als auch in einzelnen Projekten fristgerecht erreicht werden.

Konflikte im Team entschärfen

Beispiel

Sie sind als Teamleiter für ein Versicherungsunternehmen in einer dezentralen Niederlassung tätig. Ihre Angebote richten sich vorwiegend an kleinere und mittlere Unternehmen, die unterschiedliche Sachrisiken im Produktionsablauf versichern möchten, um sich vor negativen wirtschaftlichen Auswirkungen zu schützen. Versichert werden können bei Ihnen z. B. Schäden an Maschinen, das Versagen von Anlagen und Fertigungssystemen oder der Produktionsausfall aufgrund von widrigen Ereignissen, z. B. als Folge von Brand, Überschwemmung oder Maschinenbruch.

In Ihrem Team sind vier Mitarbeiter für den Vertrieb der einzelnen Produkte zuständig. Drei Vertragsspezialisten beschäftigen sich mit der Bonitäts- und Vertragsprüfung und der Vertragsabwicklung. Zwei Teamassistenten unterstützen Sie bei der Sachbearbeitung und in sämtlichen abwicklungs- und verwaltungstechnischen Fragen.

In Zusammenarbeit mit der Firmenzentrale und den dort tätigen Referenten in der Rechts- und Vertragsabteilung werden die Versicherungsverträge fachlich geprüft und von Ihrem Team mit den Kunden direkt abgeschlossen. Die Vertragsbetreuung und Datenspeicherung während der Versicherungslaufzeit erfolgt in der Zentrale Ihres Hauses. Damit Ihr Team effektiv arbeiten kann, stimmen sich die Vertriebs- und Vertragsspezialisten sowie die Teamassistenten untereinander fallbezogen ab. Außerdem pflegen Ihre Mitarbeiter kontinuierlich den Dialog mit den Zentralabteilungen.

Situationsbetrachtung

Als Teamleiter sind Sie daran interessiert, dass die Kommunikation zwischen Ihren Vertriebs- und Vertragsspezialisten unkompliziert und zeitnah erfolgt, wenn z. B. ein neuer Versicherungsvertrag angebahnt wird. Damit Ihre Vertriebsmitarbeiter sich auf die Neukundenakquisition und die Betreuung der Bestandskunden konzentrieren können, beschäftigen sie sich inhaltlich weniger mit einzelnen Vertragsdetails. Hierfür sind vorrangig die Vertragsspezialisten zuständig. Aufgrund ihrer Ausbildung und Erfahrung analysieren die Vertriebsmitarbeiter die jeweiligen Unternehmen, schätzen Risiken im Produktionsablauf ab und empfehlen zweckmäßige Versicherungskonstruktionen für unterschiedliche Gefahrensituationen.

Die interne Koordination und Abwicklung der Verträge liegt in den Händen der Sachbearbeiter, die bei Rückfragen auch den direkten Kontakt mit den Kunden pflegen. Dadurch werden sowohl die Vertriebs- als auch die Vertragsspezialisten wirkungsvoll entlastet.

In der Hektik des Tagesgeschäfts treten jedoch gelegentlich Meinungsverschiedenheiten und Spannungen auf. Während z. B. die Vertriebsmitarbeiter vorrangig versuchen, Kunden zu gewinnen und rasch Neuverträge abzuschließen, verhalten sich die Vertragsspezialisten bei möglichen Neugeschäften eher konservativ. Potenzielle Kunden und mögliche Neuverträge werden von ihnen inhaltlich genau geprüft: Sind die Kunden zahlungsfähig? Ist eine Vertragskonstruktion ausgereift? Sind die Risiken für Ihr Versicherungsunternehmen kalkulierbar? Trägt eine Versicherung voraussichtlich über eine lange Laufzeit, ohne dass Vertragsstörungen auftreten?

Chancen

Die Komplexität Ihres Versicherungsgeschäfts erfordert eine zweckmäßige Aufgabenteilung, bei der die vertrieblichen Ziele und die vertraglichen Anforderungen in Einklang gebracht werden. Dies hat in Ihrem Team eine Arbeitsteilung zur Folge: Die Vertriebsspezialisten kümmern sich um die Kundengewinnung und das Produktangebot am Markt, während die Vertragsspezialisten für solide Versicherungskonstruktionen Sorge tragen.

Abweichende Sichtweisen und Positionen sind in gewissem Maße ausdrücklich erwünscht: Die Vertriebsmitarbeiter versuchen bewusst, vorrangig neue Kunden zu gewinnen und vielfältige Versicherungsprodukte anzubieten. Die Vertragsspezialisten sind hingegen beauftragt, nur solche Kunden und Verträge anzunehmen, die den Risikostandards Ihres

Hauses entsprechen. Die Teamassistenten wiederum sind gehalten, inhaltlich nicht in den Entscheidungsprozess für oder gegen eine bestimmte Vertragskonstruktion einzugreifen. Dafür veranlassen sie jedoch zügig die Abwicklung, sobald ein Abgleich und ein Konsens mit den Erwartungen der Kunden erreicht wurde.

Wenn jeder Beteiligte den Schwerpunkt des anderen respektiert, entstehen daraus Synergien für Ihr Team – selbst dann, wenn manche Kunden und Verträge im Team kontrovers diskutiert werden. Eine Herangehensweise, bei der die Fragestellungen im Tagesgeschäft aus verschiedenen Betrachtungswinkeln beleuchtet werden, war in der Vergangenheit bereits ein wichtiger Erfolgsfaktor für treffsichere Vertragsabschlüsse. Deshalb wollen Sie diese bewusst gewählte interne Rollenverteilung und Aufgabenstruktur auch künftig beibehalten.

Herausforderungen

Durch die funktionale Trennung von Kundengewinnung bzw. Produktvertrieb auf der einen und Vertragsanalyse bzw. Kundenbewertung auf der anderen Seite ergeben sich sporadisch Auseinandersetzungen in Ihrem Team: Die Vertriebsmitarbeiter haben manchmal den Eindruck, dass der Vertragsabschluss durch weitere Prüfschritte unnötig verzögert wird. Durch Rückfragen und vertiefende Vertragsanalysen bis hin zu Abstimmungen mit den Fachabteilungen der Zentrale, z. B. in der Rechtsabteilung, zieht sich der Vertragsabschluss zeitweilig in die Länge. Gelegentlich reagieren Kunden irritiert oder äußern sich beim Kundenbetreuer ungehalten – etwa wenn unerwartete Verzögerungen eintreten, zusätzliche Nachweise angefordert werden oder weitere Auflagen gemacht werden.

Umgekehrt sind die Vertragsspezialisten der Auffassung, dass die Vertriebsmitarbeiter den Kunden zu leichtfertig Versprechungen machen, die später nicht eingehalten werden können, zum Beispiel Zusagen zur Absicherung von Risiken, die nicht ohne Weiteres zu versichern sind, Gewährung vergünstigter Konditionen oder Verzicht auf nötige Auflagen und Sicherheiten.

Die unterschiedlichen Sichtweisen Ihrer Mitarbeiter prallen teils heftig aufeinander, was für Emotionen, wechselseitige Vorwürfe und Reibungsverluste sorgt. Manche Teamassistenten haben das Gefühl, „zwischen zwei Stühlen zu sitzen", versuchen zu vermitteln oder wollen verhindern, dass der Kunde von den Kontroversen erfährt. Dies belastet vereinzelt die Teamatmosphäre.

Empfohlene Maßnahmen

Legen Sie als Teamleiter Wert darauf, dass Diskussionen besonnen geführt und Problemstellungen aus unterschiedlichen Perspektiven beleuchtet werden. Appellieren Sie an alle Teammitglieder, auch bei abweichenden Sichtweisen einen respektvollen, fairen und sachlichen Umgangston zu wahren. Erläutern Sie in Team- und Einzelbesprechungen, dass die fachliche Aufgabenteilung zwischen Vertriebs- und Vertragsmitarbeitern zum Nutzen für Ihr Unternehmen und Ihre Kunden bewusst gewählt wurde.

Führen Sie von Zeit zu Zeit eine Abteilungsbesprechung durch, in der nur ein Thema auf der Tagesordnung steht: das interne Miteinander. Dabei werden beispielsweise folgende Fragen vertieft:

- Wie gehen wir miteinander um?

- Wo drückt der Schuh?

- Wie können wir unsere Zusammenarbeit verbessern, um mehr Effizienz und Kundenzufriedenheit zu erreichen?

Die Mitglieder in Ihrem Team sollen an einem Strang ziehen, auch wenn unterschiedliche Rollenaufträge wahrgenommen und kontroverse Standpunkte in Fachfragen vertreten werden.

Verdeutlichen Sie in Fachbesprechungen, dass in Ihrem Versicherungsgeschäft komplexe Fragestellungen nach dem „Vieraugenprinzip" zu beleuchten sind. Begründen Sie, warum oftmals weitere Spezialisten einbezogen werden, um komplexere Versicherungskonstruktionen im Hinblick auf Wirtschaftlichkeit, Risikokontrolle oder Praktikabilität zu prüfen.

Bitten Sie Ihre Mitarbeiter darum, Sie unmittelbar einzubeziehen, wenn einzelne Positionen anscheinend unverrückbar aufeinander prallen. Suchen Sie das Gespräch mit den Betreffenden entweder im vertraulichen Einzelgespräch oder gemeinsam am runden Tisch. Geben Sie dabei nicht einseitig etwas vor, sondern unterstützen Sie beratend, moderierend und durch die Versachlichung des Dialogs. Ergreifen Sie nicht Partei, sondern bemühen Sie sich darum, eine tragfähige, fachlich zweckmäßige Lösung anzubahnen. Fordern Sie hierzu zum ausdauernden Gespräch untereinander auf – im Sinne einer positiven Streitkultur, bei der Vorbehalte nicht unter den Tisch gekehrt werden.

Gebieten Sie Einhalt, wenn Konflikte unter der Gürtellinie ausgetragen und Einzelne persönlich attackiert oder verletzt werden. Eine Grenze ist für Sie erreicht, wenn Beteiligte ihr Gesicht zu verlieren drohen und Emotionen unkontrolliert oder lautstark artikuliert werden. Achten Sie darauf, dass niemand unter Druck gesetzt wird und Spielregeln eines vertrauensvollen Umgangs miteinander beachtet werden.

Verstehen Sie Konflikte als Chance, um den nötigen Klärungsbedarf im Team zutage zu fördern. Wenn heftig miteinander um den besten Weg im Interesse des Unternehmens und des Kunden gerungen wird, ist dies ein gutes Zeichen: Eine gefühlsbetonte Auseinandersetzung und ein heftiger Wortwechsel zeigen in einem spannungsgeladenen Disput eine hohe innere Beteiligung an. Bemühen Sie sich als Teamleiter um eine achtsame, ausgleichende Gesprächssteuerung, damit die vorhandenen Energien produktiv kanalisiert werden und zur Lösungsfindung beitragen.

Auf den Punkt gebracht

Meinungsverschiedenheiten und gelegentliche Konflikte sind natürlicher Bestandteil der Teamarbeit. Insbesondere dann, wenn durch unterschiedliche Perspektiven und Rollen die Interessen der Einzelnen abweichen, löst dies zeitweise Spannungen aus.

Fördern Sie als Führungskraft eine faire Dialogkultur, in der die Beteiligten kontroverse Standpunkte offen artikulieren und vorgetragene Sichtweisen wechselseitig respektieren. Wirken Sie darauf hin, aufkeimende Konflikte frühzeitig zu klären. Setzen Sie Grenzen, wenn abweichende Positionen auf der zwischenmenschlichen Ebene zu unfairen Attacken oder unproduktiven persönlichen Gefechten führen.

Sorgen Sie für Deeskalation, indem Sie die Diskussion strukturieren und ausgleichend zwischen den Konfliktparteien moderieren. Bestehen Sie auf einen umsichtigen und wertschätzenden Umgang miteinander.

Prozesse im Team optimieren

Beispiel

Sie sind als Vertriebsleiter eines größeren Finanzunternehmens für die Region Süd zuständig. Ihr Produktportfolio besteht aus erklärungsbedürftigen Kredit- und Leasingprodukten, die Sie vorrangig für mittelständische Unternehmen anbieten. Die Kunden nutzen die Dienstleistungen Ihres Hauses, um z. B. Maschinen, IT-Systeme, Firmenfahrzeuge, Büroausstattungen und andere Investitionsgüter zu finanzieren. Ihr Team besteht aus acht Mitarbeitern, die dezentral für die Kundenakquisition und -betreuung zuständig sind. Sechs Kundenberater arbeiten jeweils zu dritt gemeinsam mit einer Teamassistentin im Backoffice.

Kundenbesuche werden von Ihren Kundenberatern, die jeweils einen eigenen Kundenstamm betreuen und individuelle Umsatzziele verfolgen, selbstständig durchgeführt. Die Angebotsentwicklung und Vertragsbetreuung übernehmen die beiden Teamassistentinnen in Zusammenarbeit mit Ihrer zentralen Vertragsabteilung. Sie steuern das Team gemäß den strategischen Zielen, ohne selbst ein eigenes Verkaufs-

*gebiet zu betreuen. Gelegentlich begleiten Sie Ihre Kunden-
berater, um sie bei Kundengesprächen zu coachen.*

*In den letzten Jahren hat Ihr Team sehr effektiv gearbeitet:
Die Deckungsbeitragsziele wurden erreicht, in Einzelfällen
sogar deutlich übertroffen. Im laufenden Geschäftsjahr
gestaltet sich die Neukundenakquisition jedoch schwieriger, da sich die Kundenerwartungen verändert haben und
neue Wettbewerber mit Ihnen in Konkurrenz treten. Bisher
wurden die Quartalsziele nur teilweise erreicht. Die Zusammenarbeit zwischen den Kundenberatern und den Teamassistentinnen verläuft in letzter Zeit nicht immer reibungslos:
Interne Abstimmungen erfolgen gelegentlich unvollständig
oder Kundenanfragen werden nicht zeitnah beantwortet.
Teilweise treten auch Verzögerungen bei der Auftragsbe-
arbeitung auf.*

Situationsbetrachtung

Sie haben großes Interesse daran, auch im neuen Geschäftsjahr die vorgegebenen Absatzziele zu erreichen. Durch eine
Optimierung der internen Zusammenarbeit versprechen Sie
sich mehr Synergien in Ihrem Team. Sie möchten Qualitäts-
verluste in hektischen Phasen des Tagesgeschäfts oder bei
Abwesenheit einzelner Mitarbeiter vermeiden.

Sie haben sich deshalb vorgenommen, die Abläufe zu
überprüfen und die individuellen Zuständigkeiten zu überdenken. Von der Geschäftsleitung haben Sie den Auftrag
erhalten, Kosten zu senken. Insofern ist eine Erweiterung der
Personaldecke ausgeschlossen. Bei künftig unzureichender
Umsatzentwicklung ist sogar fraglich, ob die Anzahl der
Kundenberater und Teamassistenten zu halten ist.

Kürzlich wurde von einzelnen Vertriebsmitarbeitern der Wunsch an Sie herangetragen, die Vorgehensweise bei der Kundengewinnung und -betreuung zu hinterfragen. Dies kommt Ihrem eigenen Anliegen entgegen, Prozesse im Team zu optimieren. Einige Teammitglieder haben bereits Vorschläge eingebracht, z. B. die Verkaufsgebiete neu zu ordnen, die Kompetenzen der Teamassistentinnen zu erweitern oder die Akquisitionsstrategie, z. B. durch eine Erweiterung der Onlinepräsenz, grundsätzlich zu verändern. Sie fragen sich, ob Sie eventuell bei Schlüsselkunden selbst stärker akquirieren sollten. Durch die zügige Erarbeitung eines Konzepts zur Lösungsfindung wollen Sie der Geschäftsleitung Ihr rechtzeitiges Gegensteuern verdeutlichen. Schließlich steht auch Ihre eigene Leistung als Vertriebsleiter auf dem Prüfstand.

Chancen

Sie sind schon viele Jahre als Vertriebsleiter tätig. Dauerhafte Erfolge haben Sie durch eine hohe Kunden- und Ergebnisorientierung in Ihrer Region und zugleich vorausschauendes Reagieren auf neue Umfeldbedingungen sichergestellt. Bisher haben Sie ein gutes Standing bei Ihrer Geschäftsleitung, da Ihr Regionalteam in den letzten Jahren zu den wichtigsten Leistungsträgern im Unternehmen gehörte.

Die in diesem Jahr abgeschwächte Umsatzentwicklung möchten Sie nutzen, um die Abläufe in Ihrem Vertriebsteam grundsätzlich zu überprüfen. Sie versprechen sich davon, den gestiegenen Kundenerwartungen und den Veränderungen am Markt künftig besser gerecht zu werden. Auch gegenüber möglichen Schwankungen im Absatz Ihrer Produkte wollen Sie sich durch die Neustrukturierung besser wappnen.

Sie sehen bereits einige Ansatzpunkte für sinnvolle Umstellungen – nicht nur um die Kundenzufriedenheit und die interne Effizienz zu steigern, sondern auch um die Motivation Ihrer Teammitglieder zu fördern:

- erweiterte Zuständigkeiten und bessere wechselseitige Vertretung bei den Vertriebsassistenten

- verstärkte Nutzung von IT-Lösungen, um den zeitnahen Austausch kundenbezogener Daten und die Angebotserstellung zu erleichtern

- Verbesserung der individuellen Akquisitionsstrategie und des Gebietsmanagements bei den Kundenberatern

- Optimierung der Zusammenarbeit mit den Zentralabteilungen, z. B. bei der Angebotsentwicklung

Herausforderungen

Sie machen sich Gedanken darüber, ob die von Ihnen in Betracht gezogenen Maßnahmen wirklich greifen. Messbare Erfolge sind wahrscheinlich nicht kurzfristig zu erreichen. Sie rechnen mit einer längeren Durststrecke, die auch weitere Frustrationen bei Ihren Mitarbeitern zur Folge haben kann. Darüber hinaus könnten Ihre Kunden die internen Verunsicherungen spüren. Nötige Umstellungen sollen sich aber keinesfalls negativ auf den Kundenstamm auswirken.

Fluktuation im Team möchten Sie unbedingt vermeiden, zumal Sie viel Zeit investiert haben, um Ihre Mitarbeiter zu qualifizieren. Auch Unstimmigkeiten untereinander oder wechselseitige Schuldzuweisungen sind möglichst zu verhindern. Die schwache Geschäftsentwicklung im neuen Jahr zehrt bereits bei allen an den Nerven.

Insofern sind Sie jetzt in Ihrer Führungsrolle gefordert, den Zusammenhalt zu stärken und die Warnsignale am Horizont ernst zu nehmen. Abstriche an den gesteckten Vertriebszielen wollen Sie nicht akzeptieren. Sie nehmen sich vor, den Entwicklungen im weiteren Verlauf des Geschäftsjahres konsequent gegenzusteuern und Ihre Vorgesetzten mit einem ansprechenden Gesamtergebnis zu überzeugen.

Empfohlene Maßnahmen

Nachdem Sie in sich gegangen sind und bereits Gespräche mit Ihren Vorgesetzten und Mitarbeitern geführt haben, leiten Sie folgende Aktivitäten ein:

Gemeinsame Standortbestimmung

Sie planen einen Klausurworkshop mit allen Teammitgliedern. Dort möchten Sie gemeinsam mit dem Team die Ist-Situation analysieren, ein Zukunftsszenario entwerfen und neue Lösungsansätze erarbeiten. Dazu wählen Sie einen Zeitpunkt außerhalb der Spitzen des Tagesgeschäfts und beziehen einen kompetenten Moderator aus der Firmenzentrale ein. Ihnen kommt es auf die Einleitung zielführender Maßnahmen zur Neuausrichtung Ihres Teams an: Sie möchten die Vertriebsaktivitäten ausweiten, die Kundenbetreuung verbessern und den Zusammenhalt untereinander stärken.

Brainstorming zur Ideenentwicklung

Jeder Einzelne wird aufgefordert, Verbesserungsvorschläge zu formulieren und zur vertieften Erörterung in den Workshop einzubringen. Sie sammeln sämtliche Gedanken zur

Optimierung von Abläufen und bereiten sie auf, um ihren Nutzen prüfen zu können.

Schwachstellenanalyse im Vertrieb

Sie beziehen einen Spezialisten für Ablauforganisation mit ein und arbeiten heraus, bei welchen Prozessen Reibungsverluste entstehen. Dazu wird dokumentiert, wie sich die Abläufe auf dem Weg zu einer Kundenlösung gestalten. Bezogen auf einzelne Prozesse betrachten Sie genau, wie intern kommuniziert und kooperiert wird, z. B. bei der Anbahnung eines Kundenbesuchs. Hierzu werden funktionale Zusammenhänge grafisch visualisiert und einzelne Prozessstufen nach Kosten-Nutzen-Gesichtspunkten beleuchtet. Gemeinsam mit Ihren Mitarbeitern suchen Sie Optimierungsmöglichkeiten und Umstellungen, die praktikabel sind und zugleich vom ganzen Team befürwortet und mitgetragen werden.

Gezielte Auswertung von Kundenfeedbacks

Sie erheben stichprobenartig, welche Rückmeldungen Ihre Kunden zur Servicequalität bezogen auf einzelne Prozessstufen geben: Wie zufrieden sind sie mit der Phase bis zur Angebotsentwicklung? Wie empfinden sie die Gestaltung eines individualisierten Vertragsabschlusses? Verlief die Vertragslaufzeit reibungslos? Was stufen die Kunden als verbesserungswürdig ein, das zur Steigerung der Kundenzufriedenheit zügig aufgegriffen werden kann?

Überprüfung des Gebietsmanagements Ihrer Kundenberater

Sie klären, ob Fahrten künftig optimiert werden können: Lassen sich Kundenbesuche wirksamer vorbereiten und strukturieren? Gibt es Erfolg versprechende Ansatzpunkte für die Verbesserung der Zusammenarbeit zwischen Kundenberatern und Teamassistentinnen?

Wettbewerbsanalyse in Ihrem Vertriebsgebiet („Benchmarking")

Sie prüfen, welche anderen Anbieter am Markt zurzeit erfolgreich sind. Was zeichnet deren Vorgehen aus? Lassen sich daraus Schwächen im eigenen Produktportfolio, in der Vertriebsstrategie oder in der Kundenbetreuung Ihres Hauses ableiten? Was folgt aus diesem Vergleich für die Weiterentwicklung der Abläufe in Ihrem Team?

Beleuchtung der Teamatmosphäre

Was hemmt nach Auffassung Ihrer Mitarbeiter die Motivation und die Zufriedenheit jedes Einzelnen? Was kann getan werden, damit alle stärker an einem Strang ziehen? Gibt es persönliche Animositäten, Konflikte oder Spannungen? Wie kann im Team wirkungsvoller informiert und kommuniziert werden? Wie gehen die Mitarbeiter im Tagesgeschäft miteinander um?

Zeitnahe Maßnahmenverabschiedung

Nach einer Bewertungsphase, in der die gesammelten Vorschläge aus der Klausur kritisch überdacht wurden, entscheiden Sie über die konsequente Umsetzung. Sofern Abstimmungsbedarf mit Ihren Vorgesetzten besteht, halten Sie Rücksprache. Sowohl Sie selbst als auch jeder Mitarbeiter im Team wirkt durch eine Selbstverpflichtung an der fruchtbaren Umsetzung des Aktionsplans mit.

Follow-up

Nach einem Zeitraum von sechs bis acht Wochen überprüfen Sie die Wirksamkeit der eingeleiteten Maßnahmen: Was lief gut? Welche Fortschritte – vor allem aus Kundensicht – wurden erzielt? Welche weiteren Aktivitäten sind sinnvoll?

Auf den Punkt gebracht

Die Optimierung der Prozesse, gerade an den Schnittstellen mit den Kunden, nehmen Sie als eine Herausforderung wahr. Sie sind sich darüber bewusst, dass die angestrebte Belebung des Neugeschäfts zusätzliche Anstrengungen von allen Beteiligten erfordert, um die gesteckten Ziele doch noch zu erreichen.

Durch einen überzeugenden Aktionsplan setzen Sie ein Zeichen und tragen den veränderten Umfeldbedingungen Rechnung. Sie loten sämtliche Verbesserungsmöglichkeiten aus und analysieren und bewerten sie im Hinblick auf Kosten-Nutzen-Aspekte. Dabei werden Kundenerwartungen und Anforderungen der Wirtschaftlichkeit gleichermaßen berücksichtigt.

Die Überprüfung der Abläufe in Ihrem Team sehen Sie zugleich als Chance, um die Mitarbeitermotivation zu steigern. Setzen Sie auf die konsequente Einbeziehung aller Teammitglieder, damit das vorhandene Know-how genutzt und die Akzeptanz der angestrebten Veränderungen gefördert wird.

Teambesprechungen leiten

Beispiel

Sie führen als Vorgesetzter die Abteilung Controlling und Rechnungswesen in einem Logistikunternehmen. Sie sind zuständig für die Erstellung von Soll-Ist-Vergleichen, die Budgetanalyse und das Reporting für einzelne Unternehmensbereiche. Sie unterstützen die Geschäftsleitung bei der Deckungsbeitragskalkulation und der Auswertung betriebswirtschaftlicher Kenngrößen, z. B. zur Steigerung der Kosteneffizienz im Unternehmen.

Ihr Team besteht aus vier Controllern, die für einzelne Unternehmensbereiche zuständig sind, zwei Sachbearbeitern und einer Teamassistentin. Im Tagesgeschäft bearbeiten Sie häufig Anfragen des Vorstands und der Bereichsleiter, etwa wenn aktuelle Kennzahlen oder Lageberichte benötigt werden.

Sie führen regelmäßige Fachbesprechungen durch, in denen jeweils diejenigen Controller zusammenkommen, die für die Datenerhebung, das Berichtswesen oder die Erstellung von Prognosen in einzelnen Sparten zuständig sind. Dazu binden Sie die Sachbearbeiter und die Teamassistentin bei

Bedarf mit ein. Sie achten bewusst auf eine überschaubare Teilnehmeranzahl in Meetings: Nur die Mitarbeiter werden einbezogen, die zu den Besprechungsinhalten einen Beitrag leisten können.

Weiterhin richten Sie eine regelmäßige Abteilungsbesprechung mit allen Mitarbeitern aus, in der sämtliche anstehenden Fragen im Team erörtert werden. Dabei orientieren Sie sich an den Themenwünschen Ihrer Mitarbeiter.

Situationsbetrachtung

In Ihrer Abteilung spielt die Teamarbeit eine große Rolle. Zwar führt jeder Fachreferent gemäß seinen Zuständigkeiten eigenständig Analysen, Reports und Soll-Ist-Vergleiche aus. In den meisten Fällen sind aber interne Abstimmungen, Rücksprachen und Klärungen zur jeweils zweckmäßigen Vorgehensweise erforderlich. Die Spezialisten in Ihrer Abteilung regen Sie zu einer eigenverantwortlichen Arbeitsweise an. Dies gilt auch für die Gruppenarbeit, die in hohem Maße selbstgesteuert erfolgt. Sie selbst nehmen nur an Besprechungen teil, wenn dies unbedingt erforderlich ist. Sie schalten sich z. B. dann ein, wenn übergeordnete Anforderungen der Geschäftsleitung zu berücksichtigen sind, Sie Ziele klären möchten oder Erfolgskontrollen durchgeführt werden.

Sofern Ihre Mitarbeiter dies wünschen, nehmen Sie punktuell an fachlichen Besprechungen teil, um die Teamarbeit durch Unterstützung, Beratung oder Informationsweitergabe zu fördern. Sie greifen jedoch nicht in die fachliche Arbeit oder die Zuständigkeiten Ihrer Mitarbeiter ein. Da Sie vielfältige Verpflichtungen und Termine haben und häufig auf Dienstreise sind, beschränken Sie Ihre Anwesenheit auf das Nötige. Ihre Mitarbeiter arbeiten auch ohne Ihr direktes Zutun an den Problemstellungen des Tagesgeschäfts.

Chancen

Die regelmäßigen Abteilungsbesprechungen haben für Sie einen hohen Stellenwert, um den internen Informationsaustausch zu fördern und die Teamatmosphäre zu stärken. An diesen übergreifenden Meetings nehmen alle Mitarbeiter teil, damit intern transparent wird, wer jeweils an welchen Themen arbeitet. Dabei wollen Sie bewusst sämtliche Mitarbeiter und Mitarbeiterinnen einbeziehen. Insbesondere die Sachbearbeiter und die Teamassistentin erhalten viele Informationen eher aus zweiter Hand, da sie nicht direkt mit den Vorständen, den Bereichsleitern oder den Fachreferenten anderer Abteilungen im unmittelbaren Gesprächskontakt stehen.

In den Teammeetings geben Sie vor allem für Ihre Abteilung relevante Informationen weiter, die Sie selbst aus Führungskreisbesprechungen oder Gesprächen mit Vertretern der einzelnen Bereiche erhalten haben. Sie fordern Ihre Controlling-Referenten auf, über den Stand der Projekte zu berichten und zu erläutern, welche aktuellen Fragestellungen jeweils zu bearbeiten sind. Dazu bitten Sie die Teammitglieder, Verständnisfragen, eigene Gedanken oder weiterführende Anregungen einzubringen. Jeder Mitarbeiter im Team erhält somit einen Überblick zum Status der laufenden Projekte und kann selbst offene Punkte in die Gesprächsrunde einbringen.

In den Teambesprechungen werden nicht nur fachliche Fragen bearbeitet, sondern auch der Umgang und die Kommunikation untereinander erörtert. Hierzu sammeln Sie im Vorfeld Themenwünsche und erstellen zu Beginn der Sitzung jeweils eine Tagesordnung in Abstimmung mit allen Anwesenden. In jeder Besprechung wird ein Moderator festgelegt. Dadurch werden sämtliche Besprechungspunkte straff behandelt, wichtige Ergebnisse für alle sichtbar festgehalten und der vereinbarte Zeitrahmen meist eingehalten. Sofern Maßnahmen vereinbart werden, dokumentiert der Moderator, wer für die erfolgreiche Umsetzung verantwortlich ist. Dazu gehört es, Erfolgskriterien zu benennen, einen angestrebten Zeithorizont zu definieren und festzuhalten, wer gegebenenfalls noch einzubeziehen ist.

Herausforderungen

Zwar schätzen Sie den hohen Stellenwert von Meetings für den Informationsaustausch und die Abstimmung von Arbeitsabläufen. Sie streben jedoch an, Besprechungen auf ein zweckmäßiges Ausmaß zu beschränken, da sie das Zeitbudget Ihres Teams stark beanspruchen. Eine Gefahr besteht darin, zu viele Personen in eine Besprechung einzubeziehen, wobei nicht jeder einen konstruktiven Beitrag leisten kann. Besprechungen neigen gelegentlich auch dazu auszuufern, sofern sie nicht klar und verbindlich strukturiert werden. Durch ausgedehnte Wortbeiträge von Vielrednern, ausschweifende Diskussionen oder Wortgefechte zwischen Einzelnen droht der rote Faden leicht verloren zu gehen.

Besprechungen verlieren außerdem rasch an Produktivität, wenn sie von Einzelnen als Forum zur Selbstdarstellung genutzt werden. Gelegentlich haben einzelne Teilnehmer das Gefühl, nichts Wesentliches beitragen zu können. Sie sind mit dem Verlauf und den Ergebnissen unzufrieden. Die Ziele einer effektiven Besprechung werden damit verfehlt.

Vereinbarungen werden nicht immer wie geplant umgesetzt, wenn sie nicht nachvollziehbar dokumentiert werden oder die Verantwortlichkeiten unklar bleiben. Sie haben schon etliche Meetings erlebt, bei denen im Nachhinein der Eindruck entstanden ist, man hätte sich die Zusammenkunft sparen können. Die wertvolle Arbeitszeit der Beteiligten kann anderweitig sinnvoller genutzt werden, wenn deren Anwesenheit nicht zur Klärung der anstehenden Fragen nötig ist.

Empfohlene Maßnahmen

Führen Sie sämtliche Besprechungen nur im Kreise derjenigen Mitarbeiter durch, die für ein spezifisches Fachthema einen konstruktiven Beitrag leisten können. Halten Sie davon unabhängig die regelmäßige Abteilungsbesprechung grundsätzlich mit allen Mitarbeitern ab, um den übergreifenden Informationsaustausch im gesamten Team sicherzustellen.

Konzentrieren Sie sich in Fachbesprechungen auf wenige Themen, die sich aus der aktuellen inhaltlichen Besprechungsanforderung ergeben. Dabei sind die jeweils federführenden Referenten, d. h. die Fachcontroller Ihrer Abteilung, dafür verantwortlich, den Besprechungsverlauf zu steuern und auf die Ergebnissicherung zu achten.

Halten Sie die gemeinsame Abteilungsbesprechung mit allen Mitarbeitern im Abstand von mehreren Wochen verbindlich ab – selbst dann, wenn im Vorfeld keine konkreten Themenwünsche benannt werden. So kommen alle Teammitglieder von Zeit zu Zeit zusammen, um sich über den Stand der laufenden Arbeiten auszutauschen. Jeder weiß Bescheid, woran der jeweils andere arbeitet.

Lenken Sie in den Teambesprechungen den Blick auch auf das Miteinander in Ihrer Abteilung. Selbst wenn keine fachlichen Themen zu erörtern sind, bitten Sie um einen Austausch darüber, wie die interne Kommunikation und Kooperation von allen Beteiligten wahrgenommen wird.

Fordern Sie Ihre Mitarbeiter zu einer Einschätzung auf, wie sie die Teamatmosphäre derzeit erleben und was als belastend empfinden. Gehen Sie auch darauf ein, wie sich die persönliche Arbeitszufriedenheit gestaltet. Sprechen Sie auch den zwischenmenschlichen Umgang miteinander an. Fördern Sie den Austausch darüber, was in der Zusammenarbeit eventuell anders gewünscht wird.

Üben Sie jedoch keinen Druck auf Ihre Mitarbeiter aus und respektieren Sie es, wenn sich Einzelne mit Redebeiträgen oder Einschätzungen eher zurückhalten. Achten Sie darauf, dass die Teambesprechungen ein offenes Gesprächsforum darstellen, in dem die Teammitglieder selbst entscheiden können, worüber sie in der Gruppe vertiefend sprechen möchten: Jeder erhält die Chance, die Themen zu benennen, die ihm oder ihr wichtig sind.

Ihre Zielsetzung besteht darin, das Vertrauen untereinander zu fördern und den Zusammenhalt zu stärken. Bieten Sie Ihren Mitarbeitern ergänzend an, im vertraulichen Gespräch ein sensibles oder konfliktträchtiges Thema im Nachgang zu vertiefen. Lassen Sie die jeweilige Abteilungsbesprechung in einer Schlussrunde von allen Teilnehmern im Hinblick auf den Verlauf und den wahrgenommenen Nutzen einschätzen.

Auf den Punkt gebracht

Fach- und Teambesprechungen sind eine wesentliche Voraussetzung für eine kompetente Erfüllung anstehender Arbeitsaufträge. Sie dienen vorrangig dem Informationsaustausch und dem Wissenstransfer, der Förderung der internen Kommunikation sowie der Einbeziehung der Beteiligten in Entscheidungsprozesse. Durch eine klare Gestaltung des Ablaufs, die Klärung der Verantwortlichkeiten bei vereinbarten Maßnahmen und eine nachvollziehbare Ergebnisdokumentation sorgen Sie für eine hohe Besprechungseffizienz.

Verstehen Sie Teambesprechungen als Chance, um das Wir-Gefühl zu stärken und die Motivation sämtlicher Teammitglieder zu fördern.

Als Führungskraft Rückmeldungen vom Team aufnehmen

Beispiel

Sie führen in einem global agierenden Unternehmen der Verpackungstechnologie im Bereich Forschung und Entwicklung eine Gruppe von zwölf Projektleitern. Sämtliche Projektleiter steuern wiederum eigene, temporäre Projektteams über einen Zeitraum von wenigen Monaten bis hin zu mehreren Jahren. Die disziplinarische Führung als Vorgesetzter liegt in Ihren Händen. Sie entscheiden über den Einsatz Ihrer Projektleiter in den einzelnen Projektteams. Die Projektleiter sind fachliche Führungskräfte, also die zuständigen

Ansprechpartner für inhaltliche Fragen. Die Projektteams werden vom jeweiligen Projektleiter gesteuert. Der Projektverlauf wird über ein systematisches Projektcontrolling Ihres Hauses koordiniert. Für die übergreifende Abstimmung der Projekte dient ein zentraler Projektlenkungsausschuss, mit dem Sie eng kooperieren.

Um sich über den laufenden Stand der einzelnen Projekte zu informieren, führen Sie regelmäßige Gespräche mit Ihren Projektleitern. Inhaltliche Fragen im Projektkontext sind dabei jedoch kein Schwerpunkt, da diese vorrangig von den Projektleitern im Dialog mit ihren Projektmitarbeitern geklärt werden.

Sie konzentrieren sich vor allem darauf, ob das Projekt gut voranschreitet, ob die Meilensteine erreicht werden und wie die Mitarbeiter im Projekt harmonieren. Gemeinsam mit Ihren Projektleitern sprechen Sie darüber, was getan werden kann, um die Projektziele fristgerecht zu erreichen. Dazu beraten Sie auch über nötige Maßnahmen bei Verzug, z. B. die Bereitstellung zusätzlicher Ressourcen oder erforderliche Zielanpassungen.

Situationsbetrachtung

Als Führungskraft sind Sie daran interessiert, dass die von Ihnen eingesetzten Projektleiter gute Ergebnisse erzielen. Die jeweiligen Projekte sollen erfolgreich verlaufen und die Projektleiter in die Lage versetzt werden, schwierige Projektsituationen selbstständig zu meistern. Dazu müssen sie wiederum befähigt werden, ihr eigenes Projektteam sicher zu leiten, was gute Kenntnisse im Projektmanagement, aber auch viel Fingerspitzengefühl im Umgang mit den einzelnen Projektmitarbeitern erfordert.

Ihre eigene Führungsarbeit konzentriert sich darauf, Ihre Projektleiter zu coachen und sie dabei zu unterstützen, unvorhergesehene Barrieren und Fallstricke in einzelnen Projektphasen zu meistern. Sie verstehen sich als Begleiter und Unterstützer Ihrer Projektleiter, um zu beraten, wie mit heiklen Situationen umzugehen ist. Dazu bleiben Sie selbst im Hintergrund, d. h., Sie greifen nicht unmittelbar in die Projektarbeit ein. Sofern sich übergeordnete Prioritäten geändert haben oder Zielverfehlungen drohen, besteht Ihre Verantwortung darin, gemeinsam mit dem jeweiligen Projektleiter Problemlösungen zu erarbeiten. Dabei treffen Sie jedoch keine Entscheidungen über den Kopf Ihrer Mitarbeiter hinweg.

Ihre Projektleiter reagieren erfahrungsgemäß frustriert, wenn Sie unbedacht auf die laufenden Projektarbeiten einwirken oder inhaltliche Vorgaben machen, etwa zu methodischen Fragen im Projektverlauf. Die Verantwortung des Projektmanagements liegt deshalb vollständig in den Händen Ihrer Mitarbeiter. Sie vertrauen auf die fachliche Kompetenz Ihrer Projekteiter und bevorzugen eine weitreichende Delegation von Entscheidungskompetenzen. Ihr Führungsstil soll von Ihren Mitarbeitern als motivierend und hilfreich erlebt werden. Dazu führen Sie regelmäßig Mitarbeitergespräche und stehen Ihren Projektleitern in problematischen Situationen auch bei unmittelbarem Gesprächsbedarf zur Verfügung.

Um zu klären, wie Ihr Führungsverhalten wahrgenommen wird, bitten Sie von Zeit zu Zeit um eine persönliche Rückmeldung, wie Ihre Mitarbeiter Sie als Vorgesetzten erleben.

Chancen

Sie möchten auf Augenhöhe führen und vor allem durch unmittelbare Kommunikation mit jedem Einzelnen dazu beitragen, den Erfolg der laufenden Projekte sicherzustellen. Sie unterstützen Ihre Mitarbeiter unbürokratisch, sofern es erforderlich ist. Dazu gehört es, dass Sie für Ihre Projektleiter direkt erreichbar sind, falls ein Gespräch gewünscht wird. Zwar stimmen Sie vieles über elektronische Nachrichten oder durch knapp gehaltene Telefonate ab, das persönliche Face-to-Face-Gespräch hat für Sie aber nach wie vor einen hohen Stellenwert. Komplexe, vertrauliche oder kontroverse Themen lassen sich Ihres Erachtens so besser vertiefen.

In solchen Gesprächssituationen gehen Sie zeitweise darauf ein, wie Sie als Vorgesetzter erlebt werden. Dazu stellen Sie einfühlsam Fragen, die die Gelegenheit zu persönlichen Rückmeldungen an Sie bieten. Druck möchten Sie jedoch nicht ausüben. Falls Ihre Mitarbeiter ausweichend reagieren, respektieren Sie dies zurückhaltend.

Sie versprechen sich durch die Bitte um Feedback, frühzeitig davon zu erfahren, falls Ihre Mitarbeiter unzufrieden sind oder sich von Ihnen ein anderes Verhalten wünschen. Konstruktive, nicht verletzende Rückmeldungen fördern Ihres Erachtens die Teamatmosphäre und stellen zugleich einen Vertrauensbeweis dar. Sie selbst wollen dazu mit gutem Beispiel vorangehen. Geäußerte Kritik an Ihrem Verhalten nehmen Sie an und denken darüber in Ruhe nach.

Sie möchten die Chance nutzen, Ihre Mitarbeiter sowohl bei der Steuerung der Projekte als auch in ihrer eigenen beruflichen Entwicklung zu fördern. Ihr Führungsstil soll als förderlich-unterstützend wahrgenommen werden. Dazu bitten Sie um offene Worte im vertraulichen Mitarbeitergespräch. In Teambesprechungen fragen Sie ebenfalls sporadisch nach, ob es Anregungen und Wünsche gibt, die an Sie und Ihr Verhalten als Führungskraft gerichtet sind.

Herausforderungen

Manche Mitarbeiter sind es nicht gewohnt, ihre Vorgesetzten zu kritisieren oder direkte Rückmeldung zu geben, wie sie ihn oder sie als Führungskraft erleben. Die Betreffenden befürchten, dass negatives Feedback persönlich genommen oder gar als verdeckter Angriff wahrgenommen wird. Einige Mitarbeiter haben in der Vergangenheit Vorgesetzte erlebt, die solche offenen Worte nicht hören wollten. Insofern rechnen sie mit unangenehmen Konsequenzen oder Sanktionen. Die gezeigte Offenheit wird womöglich „bestraft". Es könnte sogar die eigene Karriere behindern, wenn der Chef kritisiert wird. Manche denken: Selbst wenn ein Vorgesetzter äußert, gerne Kritik zu hören, und zunächst scheinbar wohlwollend reagiert, könnte ihnen dies später eventuell von Nachteil sein.

Insofern spielen die Unternehmenskultur und die gesammelten Erfahrungen der Mitarbeiter bei Feedbackprozessen eine große Rolle. Wenn es bisher nicht üblich war, einem Vorgesetzten eine offene Rückmeldung zu geben, ist es eher unwahrscheinlich, dass Mitarbeiter sich spontan äußern und ihre tatsächliche Meinung zum Ihrem Verhalten mitteilen. Es besteht die Gefahr von „Scheinrückmeldungen", bei denen nur positive oder unverfängliche Kommentare abgegeben werden. Einzelne Mitarbeiter reagieren eventuell verunsichert und halten sich ganz bedeckt. Falls noch kein gutes Vertrauensverhältnis besteht, sind statt eines offenen Feedbacks eher taktisch geprägte Äußerungen zu erwarten. Ein realistisches Bild der Wahrnehmungen des Führungsstils aus Sicht der einzelnen Teammitglieder ist dabei nicht zu erwarten.

Empfohlene Maßnahmen

Verdeutlichen Sie sowohl in Mitarbeitergesprächen als auch in Teambesprechungen, dass Sie einen kooperativen Führungsstil praktizieren wollen. Nehmen Sie dazu die Erwartungen der Mitarbeiter auf und reflektieren Sie das gemeinsame Verständnis von Führung. Erläutern Sie, dass Ihnen persönliche Rückmeldungen zu Ihrem Verhalten als Vorgesetzter und zu dem vom Team erlebten Führungsstil wichtig sind. Signalisieren Sie, dass an Sie gerichtete Vorschläge, Wünsche und Verbesserungsvorschläge willkommen sind.

Bitten Sie in Teambesprechungen, in denen zeitweise auch die Zusammenarbeit in Ihrer Abteilung näher beleuchtet wird, um Rückmeldung, wie Sie als Vorgesetzter erlebt werden. Dazu stellen Sie z. B. folgende Fragen:

- „Was könnte ich noch besser machen?"

- „Welche Empfehlungen haben Sie an mich als Führungskraft?"

- „Was wünschen Sie sich künftig von mir als Teamleiter?"

Nehmen Sie geäußerte Hinweise wohlwollend auf, um sich darüber Gedanken zu machen. Bitten Sie um nähere Erläuterung, falls Verständnisfragen bestehen. Bohren Sie jedoch nicht nach und zwingen Sie auch niemanden, weiter in die

Tiefe zu gehen, falls der Betreffende sich dazu nicht äußern möchte.

Bitten Sie in persönlichen Gesprächen mit Ihren Projektleitern um Anregungen, was Sie tun können, um sie bei ihren Aufgaben noch wirksamer zu unterstützen. Erläutern Sie, dass Sie sich in Ihrer Rolle auch als Dienstleister für Ihre Mitarbeiter verstehen, mit dem Ziel, den gemeinsamen Erfolg zu sichern.

Vermeiden Sie es, Ihnen gegenüber geäußerte Kritik zu bewerten oder sich selbst zu rechtfertigen. Sichern Sie jedem zu, über Rückmeldungen zu Ihrer Person nachzudenken. Bedanken Sie sich für das geäußerte Feedback und die wertvollen Hinweise. Vermeiden Sie negative, ablehnende oder kritisierende Äußerungen von Ihrer Seite.

Prüfen Sie, ob auch eine anonyme Form der Rückmeldung sinnvoll sein kann, um weiter gehende Anregungen zu Ihrem Führungsverhalten zu erhalten. So können Sie z. B. in einem von einem neutralen Trainer moderierten Workshop um Rückmeldungen bitten, ohne dass Sie selbst einsehen können, wer welche Rückmeldungen an Sie gegeben hat. Unter Umständen sind manche Mitarbeiter eher bereit, sich in einer moderierten Besprechung näher zu äußern.

Weiterhin können Sie Ihr Führungsverhalten anhand von Skalen einschätzen lassen oder um Beantwortung eines Fragenkatalogs bitten. Beispielfragen an Ihre Mitarbeiter lauten:

- „Wie gut ist Ihre Führungskraft für Sie erreichbar?" oder

- „Begründet Ihr Vorgesetzter getroffene Entscheidungen zeitnah und verständlich?"

Falls Sie sich anhand einer solchen „Vorgesetzteneinschätzung" beurteilen lassen möchten, sollten Sie Rücksprache mit Ihren Vorgesetzten und dem Personalbereich halten. Meist sind solche strukturierten Personalfragebogen abstimmungsbedürftig. Eventuell ist hierzu eine Betriebsvereinbarung nötig.

Falls Sie persönliche, an Sie gerichtete Rückmeldungen von Ihrem Team erhalten haben, geben Sie ergänzend eine Information, wie Sie damit umgehen werden. Von Vorteil für einen offenen Dialog ist es, wenn Ihre Mitarbeiter erkennen, dass Sie tatsächlich geäußertes Feedback überdenken und Ihr Verhalten ändern. Damit erzielen Sie Akzeptanz. Dies bedeutet jedoch nicht, dass Sie sämtlichen Vorschlägen folgen müssen. Es liegt in Ihrer eigenen Verantwortung zu entscheiden, welche Hinweise Sie aufgreifen und welche Sie umsetzen.

Auf den Punkt gebracht

Für die Entwicklung Ihres Teams ist nicht nur maßgebend, wie Sie führen, sondern vor allem auch, wie Ihr Führungsstil von Ihren Mitarbeitern wahrgenommen wird. Nutzen Sie die Chance zu überprüfen, wie Sie als Vorgesetzter erlebt werden, indem Sie sich Feedback einholen. Dazu gehört, dass Sie Ihr eigenes Verhalten selbstkritisch hinterfragen und Hinweise aufgreifen, wie Sie sich noch verbessern können.

Aussagekräftige Rückmeldungen setzen jedoch ein gutes Vertrauensverhältnis untereinander voraus. Wenn Sie sich sichtbar für die Stärkung der Teamatmosphäre engagieren, können Sie damit rechnen, dass Ihre Mitarbeiter eher motiviert sind, sich Ihnen gegenüber offen zu äußern. Sofern erkannt wird, dass Sie einzelne Anregungen später auch umsetzen, fördert dies Ihre Glaubwürdigkeit. Dies hilft Ihnen wiederum, als Führungskraft noch souveräner zu handeln.

Strukturelle Veränderungen im Team einfühlsam vorbereiten

Beispiel

Sie sind als Regionalleiter Vertrieb Süd einer chemischen Fabrik für Fassadenfarben, Putze und Dämmstoffe in einer Zweigniederlassung Ihres Unternehmens tätig. Bisher führen Sie ein kleines Team mit wenigen Mitarbeitern am Standort Ihrer Niederlassung. Drei Vertriebsbeauftragte und ein Assistent berichten an Sie. Die Kundenbetreuung erfolgt von vier Geschäftsstellen aus, die Ihrer Niederlassung zugeordnet sind.

Aufgrund einer Entscheidung der Geschäftsleitung sollen die Vertriebsaktivitäten künftig stärker zentralisiert werden. Dabei spielt auch eine Rolle, dass das Produktsortiment Ihres Hauses zunehmend über externe Vertriebspartner, Großhändler, Facheinzelhändler und den Internethandel vermarktet wird. Nur bei größeren Kunden, im wesentlichen Abnehmer der mittelständischen Bauindustrie und im Malerhandwerk, werden Sie auch künftig direkt akquirieren und mit Kunden vor Ort verhandeln.

Die anstehende Umstrukturierung, deren Details im Haus noch ausgearbeitet werden, dürfte dazu führen, dass einzelne Mitarbeiter der dezentralen Geschäftsstellen (GS) künftig Ihrer Niederlassung zugeordnet werden. Voraussichtlich haben Sie bald ein Team von 15 bis 25 Mitarbeitern zu führen. Offen ist noch, wie viele der Mitarbeiter aus den GS in Ihre Niederlassung versetzt werden.

Sobald die strategischen Entscheidungen gefällt sind, wird der Personalleiter Ihres Hauses zunächst mit den GS-Mitarbeitern sprechen, auch um deren Wünsche und Erwartungen zu klären. Denkbar sind auch dezentrale Kleinbüros oder sogar Homeoffice-Lösungen, sodass einzelne Mitarbeiter zwar von Ihnen geführt, aber nicht räumlich in Ihrer Niederlassung angesiedelt werden.

Situationsbetrachtung

Sie gehen davon aus, dass Ihr Team bereits in wenigen Wochen deutlich erweitert wird. Sowohl die Zuständigkeiten als auch die Arbeitsorganisation sind dementsprechend neu zu ordnen. Sie betrachten dies als persönliche Herausforderung und möchten sowohl die Ziele der Geschäftsleitung als auch die Interessen Ihrer Mitarbeiter so weit wie möglich in Einklang bringen. Künftig sind verstärkt Kosten zu senken, Abläufe zu optimieren und unnötiger Verwaltungsaufwand zu reduzieren. Ihre jetzigen Mitarbeiter sollen die abzusehenden Umstellungen jedoch nicht als Bedrohung erleben. Die Gründe für die nötigen Schritte möchten Sie allen verständlich machen, damit sie sie gut nachvollziehen können. Am besten wäre es aus Ihrer Sicht, wenn jeder für sich Chancen erkennt und die anstehenden Veränderungen aktiv mitträgt.

Die Umstrukturierung hat zur Folge, dass zwar die Arbeitsplätze Ihrer Mitarbeiter erhalten bleiben, aber jeder bereit sein muss, neue Aufgaben zu übernehmen. Dies kann in Einzelfällen zu zusätzlichem Qualifizierungsbedarf führen, da sich die Stellen- und Aufgabenprofile deutlich verändern werden. Sie hoffen, dass alle Mitglieder Ihres Teams dafür offen sind, in naher Zukunft mit neuen Kolleginnen und Kollegen zusammenzuarbeiten. Am liebsten wäre es Ihnen, wenn die nötigen Umstellungen möglichst zeitnah und reibungslos ablaufen. Fluktuation möchten Sie auf jeden Fall vermeiden.

Sie rechnen aber damit, dass sich gesteigerte Anforderungen an die einzelnen Mitarbeiter nicht ganz vermeiden lassen, da z. B. zusätzliche Reisebelastungen und Mobilitätsanforderungen auf Ihre Vertriebsbeauftragten zukommen. Derzeit gehen Sie davon aus, dass auch nicht alle GS-Mitarbeiter, die voraussichtlich später Ihrem Team angehören werden, diese Umstellung spontan positiv aufnehmen. Insofern kann die geplante Umstrukturierung noch etliches Konfliktpotenzial in sich bergen.

Chancen

Die anstehende Neuordnung der dezentralen Vertriebsstruktur hat zur Folge, dass Ihre Verantwortung als Teamleiter zunimmt. Ihre Führungsspanne erweitert sich deutlich und Ihr Status als Führungskraft wird aufgewertet. Sie steuern künftig sämtliche Vertriebsaktivitäten in einer größeren Region und übernehmen für alle dezentralen Mitarbeiter Personalverantwortung. Voraussichtlich werden Sie in den oberen Führungskreis Ihres Unternehmens aufgenommen, dem Sie bisher als Leiter eines kleinen Teams nicht angehören.

Durch die absehbare Erweiterung Ihres Teams haben Sie zusätzliche Personalführungsaufgaben zu übernehmen. Dies empfinden Sie als attraktiv, da Sie Ihre Stärken gerade im Bereich der Mitarbeiterführung sehen. Sie gehen davon aus, dass Sie sich stärker auf Mitarbeitergespräche, Zielvereinbarungen und das Coaching Ihrer Vertriebsspezialisten konzentrieren können. Ihr Engagement im operativen Vertriebsgeschäft werden Sie wahrscheinlich auf wenige Schlüsselkunden reduzieren. Sie beabsichtigen, Ihre Berater im Außendienst punktuell bei Kundenbesuchen zu begleiten, um insbesondere die weniger erfahrenen jüngeren Mitarbeiter zu coachen und weiter zu qualifizieren.

Sie hoffen, dass die meisten Ihrer jetzigen Mitarbeiter die Erweiterung des Teams positiv bewerten, da neue Kollegen hinzustoßen und die Bedeutung Ihrer Niederlassung im Gesamtunternehmen aufgewertet wird. Es bieten sich auch Möglichkeiten, bei der anstehenden Neustrukturierung in Projekten mitzuwirken und neuartige Aufgaben zu übernehmen, die persönliche Entwicklungschancen für die Einzelnen bieten.

Herausforderungen

Zum gegenwärtigen Zeitpunkt hat die Geschäftsleitung noch keine verbindlichen Entschlüsse gefasst. Von Ihnen wird Stillschweigen über die strategischen Pläne erwartet. Nähere Informationen über die nächsten Schritte wollen Sie in Abstimmung mit Ihren Vorgesetzten an Ihr Team weitergeben, sobald die Details spruchreif sind.

Bisher kursieren im Haus Spekulationen, die für eine gewisse Beunruhigung bei einzelnen Mitarbeitern in Ihrem

Team sorgen. Es gibt anscheinend schon seit einiger Zeit im Vertrieb die Vermutung, dass die Geschäftsleitung aufgrund der rückläufigen Umsatz- und Marktentwicklung den Vertrieb neu ordnen wird. Offizielle Informationen sind bis dato jedoch in der Belegschaft nicht kommuniziert worden. Sie wurden zu den Gerüchten angesprochen und haben in der letzten Abteilungsbesprechung hierzu mit dem Hinweis Stellung bezogen, dass noch keine Entscheidungen gefallen seien. Sie bitten Ihre Mitarbeiter um Geduld. Außerdem sichern Sie ihnen zu, sie schnellstmöglich und direkt aus erster Hand zu informieren, sobald der Vorstand nach Ablauf der jährlichen Planungsrunde die Unternehmensziele verkündet und neue Weichenstellungen vornimmt.

Für Sie ist die gegenwärtige Situation sensibel, da Sie dazu angehalten sind, vorerst keine Informationen an Ihr Team zu weiterzugeben. Ihre Mitarbeiter wirken teilweise verunsichert. Einzelne machen sich Sorgen, dass anstehende Umstellungen zu Einschnitten führen oder die individuellen Aufgabenschwerpunkte zu ihrem Nachteil verändert werden.

Empfohlene Maßnahmen

Nehmen Sie sich vor, in der nächsten Abteilungsbesprechung von sich aus auf die aktuelle Situation näher einzugehen. Nehmen Sie dazu bereits in die Agenda mit auf, über den aktuellen Stand der übergeordneten Ziele und Planungen zu sprechen. Informieren Sie zur möglichen Neuordnung der Vertriebsregion Süd jedoch definitiv erst dann, wenn der Vorstand hierzu grünes Licht gibt.

Sobald die Entscheidung der Geschäftsleitung getroffen ist, beraumen Sie eine außerordentliche Teamklausur an, in der

Sie mit Ihren Mitarbeitern die neue Lage beraten. Kündigen Sie Ihrem Team zu gegebener Zeit an, dass Sie sowohl in dieser gemeinsamen Teamsitzung als auch in persönlichen Einzelgesprächen mit jedem über die veränderte Situation sprechen werden.

Heben Sie die Zusage der Unternehmensleitung hervor, dass anstehende Veränderungen nicht zu einem Verlust von Arbeitsplätzen in Ihrem Team führen werden und dass hierzu auch eine Vereinbarung mit dem Betriebsrat vorgesehen ist.

Sobald die anstehende strukturelle Entscheidung getroffen ist, besprechen Sie mit Ihren Mitarbeitern ausführlich, welche Folgen dies für das individuelle Arbeitsgebiet und Tätigkeitsumfeld hat. Nehmen Sie sich vor, Ihre Mitarbeiter in die Neugestaltung der Aufgaben aktiv einzubeziehen und persönliche Wünsche so gut wie möglich zu berücksichtigen.

Sobald Ihr Team erweitert wird, planen Sie zeitnah einen Startworkshop mit sämtlichen Mitarbeitern, die Sie künftig führen werden. Überstürzen Sie jedoch nichts, da zunächst die Gespräche des Personalleiters mit den GS-Mitarbeitern anberaumt werden müssen. Warten Sie ab, bis verbindlich feststeht, mit welcher Teamkonstellation Sie in Zukunft rechnen können.

Auf den Punkt gebracht

Die vorgesehene Umstrukturierung der vertrieblichen Aktivitäten durch die Geschäftsleitung hat für Sie zur Folge, dass Ihr Team sich voraussichtlich erweitern wird. Da die Entscheidungen aber noch nicht verbindlich getroffen wurden, sind Ihnen die Hände gebunden. Sobald

Klarheit besteht, in welche Richtung die Veränderungen zielen, werden Sie mit allen Mitarbeitern die neue Situation erörtern. Sie sehen sich in der Verantwortung, zeitnah und präzise zu informieren und alle Mitarbeiter in den anstehenden Prozess der Neuordnung Ihres Teams einzubeziehen.

Ihr Ziel besteht darin, Ihre jetzigen Mitarbeiter für die anstehenden Schritte zu gewinnen und zu erreichen, dass sie an der Umsetzung engagiert mitwirken. Künftige neue Mitarbeiter sollen zügig in Ihr Team aufgenommen werden. Um die Integration zu fördern, sehen Sie gezielte Einarbeitungs- und Qualifizierungsmaßnahmen vor. Sie planen weitere flankierende Maßnahmen, beispielsweise regelmäßige Einzel- und Gruppengespräche, Coachings und Patenschaften durch erfahrene Kollegen. Dies soll die gemeinsame Teamentwicklung unterstützen.

Qualitätsmängel und Reklamationen im Team bearbeiten

Beispiel

Sie sind als Teamleiter eines IT-Dienstleistungsunternehmens für die Betreuung von Rechenzentren und vernetzten PC-Systemen zuständig. Ihr Team von zwölf IT-Spezialisten und Servicetechnikern betreut mittelständische Firmen, die Ihnen den IT-Service übertragen haben. Ihre Mitarbeiter sind sowohl für die Installation von Hard- und Software als auch für die Sicherstellung des reibungslosen Betriebs der IT-Lösungen vor Ort zuständig. Dies beinhaltet Wartungs- und

Supportaufgaben rund um die Uhr. Zum Support gehören auch die Beratung und die Schulung der Anwender bei Ihren Firmenkunden. Diese werden von zwei Sachbearbeitern unterstützt, die im Backoffice arbeiten und die Kunden bei der Auftragsabwicklung, der Problemanalyse und der Einsatzplanung unterstützen.

Sie streben an, Anfragen zügig und einwandfrei zu bearbeiten, damit Ihre Kunden mit sämtlichen erbrachten IT-Leistungen voll zufrieden sind. Insbesondere unerwartet auftretende Supportanliegen sollen schnellstmöglich von Ihren Servicemitarbeitern bearbeitet werden. Ihre Kunden stellen hohe Ansprüche an die Qualität Ihrer Dienstleistungen. Deren Kerngeschäft kann nur dann reibungslos funktionieren, wenn die von Ihnen betreuten IT-Systeme zuverlässig im Tagesgeschäft funktionieren.

Situationsbetrachtung

Von Zeit zu Zeit rufen Kunden bei Ihnen an und bitten um rasche Unterstützung, wenn deren IT-Anwendungen nicht so funktionieren, wie sie es erwarten. Sofern Störungen im Betriebsablauf auftreten, bemühen Sie sich gemeinsam mit Ihren Mitarbeitern um eine zügige Identifikation der Problemursache. So werden routinemäßig einzelne Hardwarekomponenten beim Kunden ausgetauscht oder Softwareanwendungen bedarfsorientiert eingerichtet, angepasst und auf den neuesten Stand gebracht.

Im Idealfall arbeiten Ihre Servicetechniker vorausschauend, damit Probleme beim Kunden in dessen Betriebsablauf gar nicht erst entstehen. Anhand von detaillierten Service-Checklisten und systematischen Wartungsprozeduren, bei denen auch aktuelle Sicherheitsstandards eine große Rolle spielen, wird beim Kunden sorgfältig auf die Vermeidung von Betriebsstörungen geachtet. Falls dennoch Fehler auftreten, haben Sie ein effektives Servicesystem aufgebaut, damit Ihre Spezialisten in kürzester Zeit beim Kunden sind und die jeweiligen Schwachstellen unverzüglich beheben können.

Dennoch melden sich zeitweise Kunden bei Ihnen im Servicecenter und beschweren sich. Typische Reklamationen sind die Beanstandungen, dass eine Problembeseitigung nicht schnell genug oder nicht vollständig erfolgt sei. Dabei werden einzelne Äußerungen mitunter recht emotional vorgetragen. Manche Beschwerdeführer tragen ihren Unmut lautstark am Telefon vor und schrecken nicht davor zurück, Ihre Mitarbeiter unvermittelt zu attackieren.

Chancen

Ihnen kommt es darauf an, Kundenbeschwerden sofort aufzugreifen und die Gründe für die Reklamation präzise zu ermitteln. Eine Beschwerde ist oftmals eine Gelegenheit, um die eigenen Leistungen weiter zu verbessern. Mit Ihren Mitarbeitern sprechen Sie deshalb anlassbezogen über folgende Fragen:

- Wieso ist ein Kunde unzufrieden?
- Welche Dienstleistungen geben Anlass zu einer Reklamation?
- Wie werden ähnliche Beschwerden künftig vermieden?

Sie bitten Ihre Mitarbeiter, jeder Kundenreklamation besonders aufmerksam nachzugehen. Ein unzufriedener Kunde neigt dazu, auch anderen Menschen darüber zu berichten. Das Image Ihres Unternehmens kann nachhaltig geschädigt werden, wenn Sie eine Beschwerde nicht zeitnah, engagiert und umfassend bearbeiten.

Selbst wenn viel Selbstdisziplin gefordert ist, um bei aufgebrachten Kunden einen ruhigen Ton zu wahren, erwarten Sie von Ihren Mitarbeitern ein souveränes Verhalten im Kundendialog. Durch ein gutes, wohlkoordiniertes Zusammenspiel im Team sollen die Problemursachen unverzüglich beseitigt werden. Sie legen Wert auf eine präzise Erfassung der Gründe für Beschwerden und die sorgfältige Dokumentation des Vorgehens zu deren Beseitigung.

Durch eine kontinuierliche Verbesserung und Optimierung der Servicequalität wollen Sie die Reklamationsquote kontinuierlich senken. Dabei verfolgen Sie eine „Null-Fehler-Philosophie" – mit dem Ziel, jede Beschwerde sofort aufzugreifen, sie als Lernchance zu begreifen und in eine professionelle Servicelösung für den Kunden umzuwandeln. Durch eine effektive Teamarbeit bei der Problemanalyse und ein ausgereiftes Frühwarnsystem sollen Beschwerden vermieden werden. Damit wird Ihres Erachtens zugleich auch die erfolgreiche Positionierung Ihres Hauses gegenüber Wettbewerbern am Markt weiter gesteigert.

Herausforderungen

Wenn eine Beschwerde bei Ihnen eingeht, fällt die Reaktion Ihrer Mitarbeiter nicht immer so aus, wie Sie es sich wünschen. Sie beobachten hin und wieder, dass es in Telefonaten oder Kundengesprächen an der nötigen Gelassenheit und Abgeklärtheit mangelt, um stringent, sachlich und lösungsorientiert zu argumentieren. Typische Verhaltensmuster sehen wie folgt aus:

- Der jeweilige Ansprechpartner Ihres Hauses erweckt den Eindruck, er sei nicht zuständig oder ein anderer könne einen Fehler verursacht haben.

- Einzelne Servicemitarbeiter lassen sich in Wortgefechte mit wechselseitigen Schuldzuweisungen verwickeln, wodurch der Kunde noch aufgebrachter wird.

- Ein Problem wird in Abrede gestellt oder die Aussagen des Kunden werden infrage gestellt: „Das kann doch gar nicht sein …", „Wir haben das Problem aber doch schon beseitigt", oder: „Als wir vor Ort waren, funktionierte alles einwandfrei."

- Es wird nicht schnell genug reagiert oder der Vorgang wird intern hin und her geschoben, wobei niemand Verantwortung übernehmen will. Teilweise werden Beschwerden ignoriert oder bleiben sogar liegen.

Ihnen kommt es entscheidend darauf an, den Schwarzen Peter nicht untereinander im Team weiterzureichen und Kundenreklamationen immer ernst zu nehmen. Jeder unzufriedene Kunde ist auch ein Kunde, der rasch verloren sein kann und zugleich negativ über Ihr Unternehmen spricht.

Empfohlene Maßnahmen

Erarbeiten Sie gemeinsam mit Ihrem Team ein Beschwerdemanagementsystem, in dem genau geregelt ist, wie mit einer Reklamation umzugehen ist. Dazu gehört, dass sich jeder dafür verantwortlich fühlt, die Gründe für die Unzufriedenheit des Kunden zu erkennen und zu beseitigen.

Schulen Sie Ihre Mitarbeiter im souveränen Umgang mit Beschwerden. Jede Reklamation wird künftig sachlich aufgegriffen, gemeinsam im Team nach transparenten Kriterien analysiert und einer unmittelbaren Problemlösung zugeführt. Die Vorgehensweise zur Beseitigung der Beschwerde wird in einem IT-System dokumentiert. Dort wird zugleich vermerkt, wie man künftig das Auftreten einer ähnlichen Reklamation verhindern kann.

Erheben Sie durch gezielte Kundenbefragungen regelmäßig die Kundenzufriedenheit. Erfassen Sie Gründe für mögliche Reklamationen präzise erfasst und werten Sie sie aus. Sammeln Sie sämtliche Kundenanregungen und bewerten Sie sie im Hinblick auf die praktische Umsetzbarkeit.

Informieren Sie sich über eingehende Reklamationen und erörtern Sie Beschwerdefälle mit Ihren Mitarbeitern im Team. Bearbeiten Sie Reklamationen dort, wo sie entstanden sind. Ein Beschwerdemanager im Team kümmert sich darum, sämtliche Beschwerden zeitnah zu erfassen, inhaltlich aufzubereiten und die jeweils gewählten Lösungsansätze festzuhalten. Die Gründe für Reklamationen werden herausgearbeitet und mit den Beteiligten im Team ausführlich besprochen, damit der Wiederholungsfall so gut wie ausgeschlossen ist.

Ihr Team überprüft selbstständig die Zuständigkeiten und Einsatzpläne der Servicespezialisten sowie die interne Zusammenarbeit bei Kundenprojekten. In wöchentlich anberaumten Kurzbesprechungen werden aufkommende Probleme gemeinsam mit den Sachbearbeitern auch ohne Ihre Anwesenheit erörtert. Bei Kapazitätsengpässen, z. B. in Urlaubs- und Krankheitssituationen, stimmen Sie mit Ihrem Team Maßnahmen zur Gegensteuerung ab, damit die professionelle Kundenbetreuung durchgängig gesichert ist.

Arbeiten Sie in regelmäßigen Qualitätsworkshops heraus, wie mit Serviceproblemen umzugehen ist. Beziehen Sie dazu punktuell Kunden ein, um deren Erwartungen und Vorschläge zu berücksichtigen. Führen Sie ein Anreizsystem für maximale Kundenzufriedenheit ein, um das Engagement sämtlicher Teammitglieder für die Beschwerdeprävention und einen optimalen Kundenservice weiter zu fördern.

Auf den Punkt gebracht

Fördern Sie konsequent die kundenorientierte Kommunikation und Kooperation. Ihr Ziel lautet: Jeder Reklamation wird sofort eigenverantwortlich und kollegial im Team nachgegangen. Wer eine Kundenkritik entgegennimmt, kümmert sich um eine zügige Lösung. Dazu dient auch ein ausgeklügeltes Beschwerdemanagementsystem mit internen Zuständigkeiten für die Problembeseitigung. Sie sensibilisieren Ihre Mitarbeiter dafür, Kundenbeschwerden in jeder Hinsicht ernst zu nehmen.

Die Reklamationsbearbeitung im Team wird somit zum „Selbstlernprozess" und führt zur kontinuierlichen Qualitätsverbesserung. Dabei wird bei Fehlern nicht nach Schuldigen gesucht, sondern im Interesse der künftigen Vermeidung von Reklamationen auf präventive Lösungen geachtet. Die Qualitätsstandards und das Beschwerdemanagement werden hierzu fortlaufend weiterentwickelt.

Das Team trotz Vorbehalten für einen neuen Weg gewinnen – Umgang mit Widerständen

Beispiel

Sie sind als Leiter Marketing für die Öffentlichkeitsarbeit und Absatzförderung in einem Industrieunternehmen zur Herstellung vollautomatischer Abfüllanlagen tätig. Ihre Abfüllmaschinen ermöglichen es, Getränkeflaschen aus Glas und Kunststoff zeitökonomisch und wirtschaftlich zu befüllen. Dank einer ausgereiften Technologie werden die Flaschen nach modernen hygienischen Vorschriften gereinigt, abgefüllt und steril verschlossen. Ihr Haus gehört zu den führenden Firmen Ihres Geschäftszweigs im europäischen Raum. Gemeinsam mit fünf Marketing-/PR-Referenten, einem Teamassistenten und zwei IT-kundigen Sachbearbeitern steuern Sie den Web- und Außenauftritt Ihres Unternehmens.

Ein aktueller Tätigkeitsschwerpunkt ist die Positionierung Ihrer neuen Kernprodukte am hart umkämpften Markt für Abfüllsysteme, die mit computergestützten Werkzeugen (CAD) für Kunden in der Lebensmittelbranche konzipiert werden. Dazu bieten Sie nicht nur die Maschinen selbst an, sondern auch die Analyse von Prozessen im Kundenunternehmen sowie ergänzende Service- und Wartungsverträge. Sie verstehen sich als Anbieter individueller Komplettlösungen und beraten Ihre Kunden bei der Gestaltung ganzheitlicher Systeme für den jeweils spezifischen Bedarf.

Künftig möchten Sie die verbundenen Dienstleistungen, d. h. Beratung, Analyse, Support und Service, besonders herausstellen. Dadurch sollen neue Kunden gewonnen und zugleich Bestandskunden stärker an Ihr Haus gebunden werden.

Situationsbetrachtung

In Ihrem Haus war es im Marketing über Jahrzehnte üblich, vor allem die Maschinen und deren Leistungsfähigkeit selbst in den Mittelpunkt zu rücken. Auf Kundenveranstaltungen, Messen, Präsentationen und in den Werbemedien stellte man bisher vor allem die technischen Neuerungen Ihrer Abfüllanlagen heraus. Um neue Kunden zu gewinnen, wurde aufgezeigt, dass eine neue Maschine robuster ist, Geschwindigkeitsvorteile bietet oder die Abfüllung einer größeren Stückzahl an Flaschen ermöglicht. Die technischen Leistungsdetails der Maschinen standen stets im Vordergrund. Kunden wurden dementsprechend auf verbesserte Steuerungsmöglichkeiten, eine weitgehendere Automatisierung oder die Senkung der Fehlerquote, z. B. durch reduzierten Ausschuss, hingewiesen.

In den letzten Jahren haben Wettbewerber aber aufgeholt und die Leistungsfähigkeit der am Markt angebotenen Maschinen ähnelt sich immer mehr. Nun gewinnen die mit dem Maschineneinsatz verbundenen Dienstleistungen an Bedeutung – zumindest ist dies Ihre Sicht, die auch Ihre Geschäftsleitung weitgehend teilt. Aus Ihrem Blickwinkel erfordert dies ein komplettes Umdenken in der Marketing- und Vertriebsstrategie Ihres Hauses: Wo früher mit den Kunden fast nur über Technikdetails der Maschinen „gefachsimpelt" wurde, soll künftig stärker über die ganzheitliche Beratung und Analyse sowie den angebotenen Support und den kundennahen Service geworben werden.

In Ihrem Haus gibt es allerdings auch Bedenken bei operativ tätigen Mitarbeitern, etwa im Vertrieb: Die Kundenberater haben beim Kunden bisher vor allem durch ihre Produktkenntnis und ihren technischen Sachverstand überzeugt. Nun sollen sie verstärkt auf die Beratungs- und Servicekompetenz Ihres Unternehmens hinweisen. Manche haben Zweifel, ob dieser Weg der richtige ist und vom Kunden tatsächlich angenommen wird.

Gleichermaßen sind einzelne Mitarbeiter in Ihrer Marketingabteilung skeptisch, zumal in den Informations- und Werbematerialien, aber auch auf Fachmessen vor allem die innovativen Produktdetails Ihrer Maschinen herausgestellt wurden. Ist es sinnvoll, nun eine Kehrtwende zu vollziehen und die gesamte Marketingstrategie auf den Prüfstand zu stellen? Droht womöglich ein desaströser Marketingflop?

Chancen

Sie haben in den letzten Monaten lange darüber nachgedacht, welche Strategie die richtige ist, um die aufgebaute Marktposition Ihres Unternehmens zu halten und im günstigen Falle weiter auszubauen. Ihre Geschäftsleitung wünscht sich von Ihnen neue Impulse aus der Marketingabteilung, um sich gegenüber der schärfer werdenden Konkurrenz zu behaupten. Der drohende Absatzrückgang im Maschinensektor, bedingt durch aggressiv preisgünstige Anbieter aus Fernost, beunruhigt die Führungsspitze Ihres Hauses. Eine Stärken-Schwächen-Analyse Ihres Unternehmens und ein projiziertes Zukunftsszenario der künftigen Marktentwicklung stützen Ihre Absicht, als Marketingleiter nun neue Wege einzuschlagen.

Sie möchten Ihre Mitarbeiter dafür gewinnen, den neuen Kurs nach anfänglichem Zögern mitzutragen und sich für die aktive Verfolgung Ihrer ehrgeizigen Marketingziele dauerhaft zu engagieren. Durch den hohen Stellenwert der strategischen Neuausrichtung versprechen Sie sich eine Steigerung der Bedeutung Ihrer Abteilung im Haus: Nur wenn es Ihnen gelingt, den anvisierten Kurs geradlinig umzusetzen, können die Absatz- und Vertriebsziele Ihrer Geschäftsleitung für das nächste Geschäftsjahr erreicht werden.

Ihre Mitarbeiter sollen die Erarbeitung eines revidierten Marketingkonzepts als Herausforderung begreifen und erkennen, dass sich dadurch attraktive, spannende und neuartige Projekte entwickeln. In den nächsten Monaten entsteht mehr Raum für kreatives und konzeptionelles Arbeiten: Jeder Mitarbeiter kann prägend auf die Gestaltung eines innovativen Marktauftritts Einfluss nehmen. Dies soll alle Beteiligten zusätzlich motivieren und das Team weiter zusammenschweißen, gerade auch durch die verstärkt geforderte Arbeit in interdisziplinären Arbeitsgruppen. Dabei bieten sich neue Kommunikations- und Kooperationschancen, etwa durch die Einbeziehung von Mitarbeitern aus anderen Abteilungen oder sogar von Vertretern aus Kundenunternehmen.

Herausforderungen

Obwohl Sie in mehreren Teamsitzungen die neuen Trends bereits in der eigenen Abteilung erörtert und vertieft haben, nehmen Sie derzeit nur eine verhaltene Resonanz auf Ihre Vorschläge zu einer Neuausrichtung der Marketingaktivitäten wahr. Ihre Mitarbeiter reagieren insgesamt zurückhaltend auf den von Ihnen angestrebten Kurswechsel. Sie hören vor allem folgende Argumente, die Ihnen von Ihren Marketingreferenten wiederholt vorgetragen werden:

- Ihre langjährigen Kunden erwarten weiterhin vor allem die Herausstellung der technischen Produktmerkmale, z. B. in Informationsbroschüren, Onlinemedien oder auf den Ständen der einschlägigen Fachmessen, auf denen Sie präsent sind.

- Marketingtechnisch sei es viel schwieriger, die Beratungs- und Serviceleistungen so zu vermitteln, dass Kunden und Interessenten daraus einen Kaufanreiz ableiten. Technische Fakten und Produktvorteile lassen sich klar darstellen, Beratungs- oder Analysekompetenzen werden hingegen als vergleichsweise individuell, komplex und weniger greifbar eingestuft.

- Die nötige Überarbeitung sämtlicher Informationsmedien und Produktkataloge sowie die Umgestaltung der Online-präsenz und des kompletten Messeauftritts werden als aufwendig und riskant eingestuft.

- Zu revidieren seien auch die kundenspezifische Argumentationsstrategie und die einschlägigen Arbeitsunterlagen, die bisher für den Vertrieb bereitgestellt wurden. Weiterhin seien sämtliche Produktschulungen umzustellen, auch für Vertriebspartner und assoziierte Lieferanten. Dies binde in hohem Maße vorhandene Kapazitäten.

Sie erleben Ihre Mitarbeiter als zögerlich und zum gegenwärtigen Zeitpunkt als ausgesprochen reserviert. Sie spüren vielfältige Vorbehalte und das Vorherrschen kritischer Einschätzungen. Einige Teammitglieder sprechen offen aus, was sie denken:

- „Lohnt sich der ganze Aufwand und muss nicht womöglich nach kurzer Zeit wieder alles infrage gestellt werden?"

- „Wie sollen wir den Vertrieb und den Kunden überzeugen, wenn wir selbst Bedenken haben, ob der neue Kurs überhaupt zum Erfolg führt?"

Als Teamleiter befürchten Sie frustrierte Reaktionen Ihrer Mitarbeiter. Sie rechnen damit, dass Einzelne innerlich nicht mitziehen oder die neue Marketingstrategie nur halbherzig umsetzen. Sie wollen nichts erzwingen und suchen nach einem Ansatz, um stärker zu überzeugen und mehr Akzeptanz für Ihr Vorhaben zu gewinnen.

Empfohlene Maßnahmen

Sie halten Rücksprache mit Ihrem Vorgesetzten, der Ihr unmittelbarer Ansprechpartner ist und Ihnen die strategischen Grundsatzentscheidungen der Geschäftsleitung erläutert. Seinen Worten entnehmen Sie, dass der Vorstand nach längerer Diskussion beschlossen hat, die klassische Produktpalette künftig stärker um verbundene Dienstleistungen zu erweitern. Er bittet Sie, hierfür ein Konzept zu erarbeiten und Vorbereitungen zu treffen, damit sowohl im Medien-, Messe- und Onlineauftritt als auch im Vertrieb nach der neuen Produktphilosophie agiert werden kann.

Sie führen eine eintägige Klausursitzung mit allen Mitarbeitern durch, um die inhaltliche Präzisierung des neuen Marketingkonzepts vorzubereiten. Sie erläutern Ihren Mitarbeitern das Vorhaben Ihrer Geschäftsleitung und den hohen Stellenwert Ihrer Abteilung bei der effektiven Umsetzung. Dabei behandeln Sie ausführlich auch kritische Argumente und mögliche Barrieren, die im Vorfeld der Entscheidungsfindung berücksichtigt wurden. Sie zeigen Verständnis für

Vorbehalte im eigenen Team, erläutern jedoch die Verbindlichkeit der anstehenden Neuorientierung.

Räumen Sie allen Mitarbeitern die Gelegenheit ein, eigene Sichtweisen vorzutragen und begründete Bedenken zu äußern. Machen Sie gleichzeitig deutlich, dass kein Handlungsspielraum besteht, um die übergeordneten Richtungsentscheidungen infrage zu stellen. Appellieren Sie an Ihr gesamtes Team, an der engagierten Umsetzung der neuen Produktstrategie mitzuwirken, und fordern Sie es zu geschlossenem Handeln auf.

Führen Sie Einzelgespräche mit Ihren Mitarbeitern, um etwaige noch bestehende Bedenken zu erörtern und die künftige Rolle jedes Einzelnen bei der Konzepterstellung zu klären. Nehmen Sie dabei Rücksicht auf abweichende Sichtweisen, weichen Sie aber nicht davon ab, jeden um aktive Mitwirkung im Rahmen seiner Möglichkeiten zu bitten.

Setzen Sie auf Einsicht und die Bereitschaft Ihrer Teammitglieder, durch erkennbare eigene Schritte einen individuellen Beitrag zur Umsetzung der übergeordneten Ziele zu leisten. Bitten Sie jeden darum, engagiert mitzuwirken, damit erste Erfahrungen gesammelt werden und das Gesamtvorhaben schrittweise vorankommt.

Installieren Sie ein internes Controllingsystem, damit erkennbar wird, welche Aktivitäten auf welche Art und Weise im Zeitverlauf umgesetzt werden. Dazu erarbeiten Sie in einer Teambesprechung Verantwortlichkeiten, Terminhorizonte und Erfolgskriterien für das weitere Vorgehen. Ermöglichen Sie allen Beteiligten, den jeweils aktuellen Status zu verfolgen. Dokumentieren Sie auch Misserfolge, z. B. kritische Feedbacks von Kunden. Zeichnen Sie ein objektives Bild, welche Auswirkungen der eingeschlagene Kurs hat, um eine Evaluation der neuen Marketingstrategie zu ermöglichen.

Richten Sie im Intranet Ihrer Firma ein Informationssystem ein, anhand dessen die anderen Abteilungen im Haus erkennen können, welche Maßnahmen von Ihrem Team eingeleitet werden. Setzen Sie auf erste kleine Erfolge, die sich bei der schrittweisen Umsetzung zeigen. Stellen Sie auf dieser Plattform den Anwendern in Ihrem Haus, z. B. im Vertrieb, aktuelle Medien, Materialien und Schulungsangebote als Bestandteil der veränderten Marketingstrategie bereit.

Verdeutlichen Sie Ihrem Team, dass gesammelte Erkenntnisse nach und nach ausgewertet werden. Lassen Sie erkennen, dass Sie Neuland betreten und deshalb erst nach einer Pilotphase zu aussagefähigen Ergebnissen gelangen werden. Fordern Sie alle auf, an einem Strang zu ziehen, damit der neue Marketingansatz erfolgreich implementiert werden kann. Nicht zuletzt wird zu klären sein, wie sich die neue Philosophie auf die Umsatz- und Deckungsbeitragsentwicklung auswirkt. Der Vorstand behält sich ausdrücklich vor nachzujustieren, sofern die Entwicklungen eine Überprüfung der Marketing- und Produktphilosophie nötig machen.

Auf den Punkt gebracht

Eine tief greifende, strategisch veranlasste Veränderung im Unternehmen zwingt dazu, neue Wege zu beschreiten. Die Einführung einer innovativen Marketing- und Produktphilosophie hat für Ihr Team zur Folge, dass etablierte Sichtweisen, Abläufe und Aufgabenschwerpunkte zu überprüfen sind. Gerade dann, wenn offen geäußerte Vorbehalte bestehen, die Sinnhaftigkeit des neuen Kurses kritisch hinterfragt wird und traditionelle Verhaltensmuster infrage gestellt werden, entsteht leicht Verunsicherung oder gar Frustration.

Als Führungskraft sind Sie gefordert, Orientierung zu vermitteln und alle Teammitglieder für den eingeschlagenen Kurs zu gewinnen. Dies setzt voraus, in Team- und Einzelgesprächen zu informieren, verständnisvoll zu kommunizieren und für die Notwendigkeit eines Wandels zu werben. Respektieren Sie kritische Haltungen und vermeiden Sie es, geäußerte Vorbehalte zu ignorieren.

Durch einen aktiven Dialog und einfühlsames Verdeutlichen der übergeordneten Ziele kann es Ihnen gelingen, nach und nach Akzeptanz aufzubauen. Je mehr Sie in die persönliche Überzeugungsarbeit und die Teamentwicklung in einer solch sensiblen Umbruchsituation investieren, desto eher wird der neue Ansatz mitgetragen. Leisten Sie vertrauensbildende Überzeugungsarbeit und wirken Sie achtsam darauf hin, dass Ihre Mitarbeiter sich mit dem neuen, teils steinigen Weg identifizieren können.

Innovationen im Team fördern

Beispiel

Sie sind als Teamleiter eines mittelständischen Automobilzulieferers für den Einkauf, die allgemeine Verwaltung und das Facility-Management zuständig. Ihr Team umfasst

25 Mitarbeiter. Dazu zählen Referenten, Sachbearbeiter und Fachkräfte mit Spezialkompetenzen, die z. B. im Einkauf, in der Haustechnik oder in unterschiedlichen Servicefunktionen tätig sind.

Ihre Abteilung leiten Sie seit cirka einem Jahr. Bisher haben Sie sich vor allem darauf konzentriert, die Erfüllung der Kernaufgaben in Ihrem Verantwortungsbereich sicherzustellen. Nun kommt es Ihnen darauf an, Ihr Team für aus Ihrer Sicht erforderliche Neuerungen zu sensibilisieren. Sie haben aus Gesprächen mit Ihren Mitarbeitern den Eindruck gewonnen, dass einige bereits eigene Verbesserungsideen haben, die es sich lohnt weiterzuverfolgen. Jeder kann Ihres Erachtens mit dazu beitragen, Innovationen anzustoßen.

Ihre Überlegungen zielen nicht nur auf die Schlüsselfunktionen des Einkaufs und der Verwaltung im engeren Sinne ab. Sie denken z. B. auch an die Umgestaltung der Arbeitsplätze im Unternehmen, die Weiterentwicklung der Arbeitssicherheit, die Neuordnung des Fuhrparks oder die Überprüfung der Beziehungen zu externen Serviceprovidern. Dabei richten Sie den Blick vorrangig auf die internen Kunden-Lieferanten-Beziehungen, die gerade in Ihrem Verantwortungsbereich von großer Bedeutung sind.

Sie verstehen sich als Dienstleister für die Geschäftsleitung, für die einzelnen Bereiche und letztlich für alle Führungskräfte und Mitarbeiter im gesamten Haus. Konstruktive Neuerungen anzubahnen und das eigene Team für einen umfassenden Ideenfindungsprozess zu gewinnen entspricht in besonderem Maße Ihrem persönlichen Verständnis moderner Führung.

Situationsbetrachtung

Viele Ideen schlummern in den Köpfen Ihrer Mitarbeiter und sind es Ihres Erachtens wert, erörtert zu werden. Aber nicht jeder neue Gedanke oder spontane Vorschlag hält bei näherer Betrachtung einer kritischen Bewertung stand. Nur durch die Prüfung auf praktische Bewährung kann eingeschätzt werden, welcher Nutzen tatsächlich erzielt wird. Sie sind überzeugt, dass gerade die systematische Einführung von Neuerungen zu einer Weiterentwicklung des Leistungsprofils Ihrer Abteilung, zu einer nachhaltigen Produktivitätssteigerung im Unternehmen und zur dauerhaften Vertiefung der kundenorientierten Beziehungen führen kann. Sofern eingespielte Abläufe von Zeit zu Zeit einer sorgfältigen Analyse unterzogen werden, können überholte Vorgehensweisen abgeschafft und durch effektivere Methoden ersetzt werden.

Folgende Fragen stellen sich Ihnen in diesem Zusammenhang:

- Was haben wir in der Vergangenheit bereits gut gemacht, können es aber künftig noch besser umsetzen?

- Wo lassen sich Schwachstellen aufspüren, die durch eine veränderte Herangehensweise beseitigt werden können?

- Was können wir tun, um noch wirksamer zu kommunizieren und zusammenzuarbeiten? Wie können Informationen im Team schneller fließen und reibungslos ausgetauscht werden?

- Wie lässt sich eine nicht mehr optimale Verfahrensweise umorganisieren, neu gestalten oder gezielt verändern, damit eine sichtbare Verbesserung eintritt?

Chancen

Die meisten Mitarbeiter sind nach Ihrer Auffassung daran interessiert, mitzuwirken und eigene Verbesserungsideen in die Tat umzusetzen. Sie wollen erreichen, dass alle plausiblen Ideen geäußert, gesammelt und anschließend kritisch geprüft werden. Neue Ideen sind Ihres Erachtens eine wichtige Voraussetzung, um nötige Veränderungen zur Steigerung der Wirtschaftlichkeit anzustoßen. Ihnen kommt es darauf an, Ihre Mitarbeiter zu ermuntern, sämtliche Gedanken zu möglichen Innovationen im Team frei zu artikulieren. Sie versprechen sich davon zugleich Chancen für mehr Mitarbeitermotivation und Mitarbeiterzufriedenheit.

Auch können neue Ideen ein Motor sein, um den Zusammenhalt im Team zu stärken. Wenn der Einzelne spürt, dass seine Anregungen ernsthaft geprüft werden, steigert dies sein Selbstbewusstsein und die Identifikation mit dem Unternehmen. Dahinter steckt die folgende Botschaft an Ihre Mitarbeiter:

- „Sie werden ernst genommen. Was Sie stört, prüfen wir kritisch."

- „Ihre Verbesserungsideen werden einer genauen Analyse unterzogen."

- „Nichts wird vorschnell beiseitegeschoben oder als Unfug abgetan."

Wenn neue Ideen zeitnah umgesetzt werden, stärkt dies das Vertrauen in den Sinn des Innovationsprozesses. Im Zweifelsfall kann der Nutzen eines neuen Gedankens rasch durch Erprobung im Tagesgeschäft beurteilt werden. Dementsprechend lautet Ihre Devise:

- Was spricht dagegen, es zu probieren?

- Lieber eine Idee zügig umsetzen, als zu lange zu warten.

- Nicht lange diskutieren, sondern handeln.

Sie möchten anschauliche Beispiele dafür liefern, dass ein konstruktiver Gedanke rasch in die Tat umgesetzt und einer ernsthaften Prüfung unterzogen wird. Bereits das Erzielen kleiner Fortschritte verdient es, gewürdigt zu werden.

Herausforderungen

Wer neue Ideen äußert, wird leicht missverstanden: Einzelne fühlen sich unter Umständen angegriffen, da sie einen Verbesserungsvorschlag als verdeckte Kritik interpretieren. Manchmal wird entgegengehalten, dass sich etwas bewährt habe und deshalb besser nicht infrage gestellt werde. Eingespielte Gewohnheiten bieten eine gewisse Sicherheit für die Beteiligten, da tradierte Abläufe in gleichförmiger Art und Weise reproduziert werden können. Wenn etwas anders gemacht wird als bisher, muss umgelernt werden. Vertraute Routinen werden dadurch infrage gestellt. Dies kann von den Beteiligten als anstrengend oder risikobehaftet erlebt werden. Die Fehlerwahrscheinlichkeit steigt. Womöglich sind vermutete Vorteile eines neuen Vorgehens auch rasch wieder verpufft.

Die Prüfung neuer Ideen kann mit zusätzlichem Aufwand und unvorhergesehenen Kosten verbunden sein: Warum etwas infrage stellen, das doch in der Vergangenheit reibungslos funktioniert hat? Häufig wird nicht erkannt, dass Stillstand droht, wenn nur reproduziert wird. Zusätzliche Wertschöpfung entsteht nur dort, wo auch gezielt nach mehr Effizienz, Kundennutzen oder Vereinfachung gesucht wird.

Viele scheuen aber Umstellungen jeglicher Art, man bleibt lieber beim Altbewährten. Dazu werden gerne emotional-resignierte Argumente vorgetragen:

- „Das hatten wir doch früher schon einmal …"

- „Ob das wirklich etwas bringt? Das glaube ich kaum …"

- „Warten wir erst einmal ab … Es wäre besser, wenn andere zuerst aktiv werden. Wir können dann später immer noch etwas tun!"

- „Nur keinen Fehler riskieren!"

Im Umfeld einer veränderungsfeindlichen Unternehmenskultur werden Neuerungen systematisch blockiert. Menschen, die trotzdem Vorschläge einbringen, haben das Nachsehen. Man schaut vorrangig auf Kosten, Risiken und mögliche Gefahren eines Scheiterns bei der Umsetzung: Wer den ersten Schritt wagt, wird eher bestraft als gefördert.

Auch manche Führungskräfte scheuen Veränderungen, da sie Innovationen als verdeckte Kritik an ihrer Person und ihrem Verhalten interpretieren. Sie befürchten einen Machtverlust und sehen ihren Status gefährdet, wenn sie auf zweifelhafte Vorschläge eingehen. Womöglich heißt es später: „Wie konnten Sie das zulassen?" Oder: „Warum haben Sie nicht selbst diese Idee gehabt?"

Manche Mitarbeiter haben deshalb Sorge, dass ihre Anregungen und Ideen nicht als solche wahrgenommen werden, sondern eher als Bedrohung für einzelne Vorgesetzte – mit der Gefahr möglicher Sanktionen im Nachhinein. Die fatale

Folge lautet dementsprechend: „Gute Ideen sollte man besser für sich behalten. Oder allenfalls erst dann aussprechen, wenn sie geeignet sind, sich in ein günstiges Licht zu rücken, und einem damit zum eigenen Vorteil gereichen …"

Wenn solche Muster der Sicherheitsorientierung, Risikovermeidung und Selbstprofilierung vorherrschen, werden kaum Innovationen angestoßen, sondern konventionelle Strukturen weiter gefestigt.

Empfohlene Maßnahmen

Leiten Sie einen Ideenfindungsprozess in Ihrem Team ein. Ergreifen Sie zugleich die Initiative, um einen engagierten Beitrag zum Schlüsselprojekt „Konsequent noch besser werden" zu leisten. Dabei handelt es sich um eine unternehmensweite Initiative zur Förderung von Innovationen, die erst kürzlich im Führungskreis für das laufende Geschäftsjahr verabschiedet wurde. Starten Sie mit einem Kick-off-Workshop mit sämtlichen Mitarbeitern, in dem die Ziele und das Vorgehen näher behandelt werden.

Bitten Sie Ihre Mitarbeiter, ausgehend von Erfahrungen im eigenen Arbeitsumfeld Vorschläge zu entwickeln, um mögliche Verbesserungen anzustoßen. Sichern Sie ihnen zu, sämtliche Vorschläge zu prüfen. Jegliche Anregungen, die im Unternehmen einen Nutzen entfalten können, sind erwünscht. Dabei interessieren nicht nur Ideen, die zu mehr Wirtschaftlichkeit, Kundenorientierung und Effizienz führen, sondern auch solche zur Weiterentwicklung der Unternehmenskultur, des Zusammenhalts im Team oder zur Steigerung der persönlichen Arbeitszufriedenheit.

Regen Sie an, dass die eingebrachten Ideen zunächst von einer kleinen Arbeitsgruppe gesichtet, sortiert und zu einer Präsentation im Team aufbereitet werden. Dabei soll zwischen Vorschlägen, die den persönlichen Arbeitsplatz, die eigene Abteilung oder die unmittelbare Zusammenarbeit mit Nachbarbereichen betreffen, differenziert werden.

Außerdem werden Vorschläge gesammelt, die von übergeordneter Bedeutung sind. Davon unabhängig wird geprüft, ob einzelne Ideen – etwa zu Verfahrens- und Produktinnovationen – gesondert in das bereits seit Langem existierende betriebliche Vorschlagswesen eingebracht und nach den jeweiligen Kriterien bei erfolgreicher Umsetzung prämiert werden können.

Sprechen Sie gemeinsam mit Ihrem Team sämtliche Ideen durch und legen Sie das weitere Vorgehen fest, z. B. unmittelbare Umsetzung, nähere Ausarbeitung eines Vorschlags, Begutachtung durch Dritte, Vorlage an die Geschäftsleitung oder Erörterung mit Ansprechpartnern aus Nachbarbereichen im Haus.

Sofern nur Ihr Verantwortungsbereich betroffen ist und im Team keine stichhaltigen Gegenargumente vorgetragen werden, votieren Sie zugunsten einer direkten Pilotierung. Aufgrund Ihrer Entscheidungskompetenzen und Ihrer Budgetverantwortung haben Sie von Ihren Vorgesetzten den Auftrag erhalten, unbürokratisch und pragmatisch zu handeln. Kalkulierbare Risiken sind einzugehen.

Fordern Sie Ihre Mitarbeiter auf, sich vor allem auf diejenigen Ideen zu konzentrieren, die im eigenen Arbeitsumfeld angewendet werden können. Jeder wird ermutigt, nicht davor zurückzuschrecken, eingespielte Vorgehensweisen infrage

zu stellen. Verstehen Sie sich selbst als Förderer der Ideen-
entwicklung und -umsetzung im eigenen Bereich.

Auf den Punkt gebracht

Kontinuierliche Verbesserungen zu fördern ist eine wesentliche Führungsaufgabe. Gemeinsam mit Ihrem Team
können Sie vielfältige Ansatzpunkte entwickeln, um die
stetige Weiterentwicklung des Leistungsprofils in Ihrem
Verantwortungsbereich sicherzustellen. Verbesserungen
sind jedoch kein Selbstzweck: Nur was nachweislich zur
Steigerung der Kundenzufriedenheit führt, ist eine wünschenswerte Verbesserung. Einzelne Ideen sind dabei
wichtige Vorstufen. Insofern sollte jede plausible Idee
geprüft und erprobt werden.

Motivieren Sie Ihre Mitarbeiter, neue Ideen einzubringen. Setzen Sie sich dafür ein, Vorschläge unmittelbar
auf ihre Praktikabilität hin zu untersuchen. Räumen Sie
Hindernisse, die Neuerungen entgegenstehen aus dem
Weg. Schrecken Sie nicht davor zurück, gelegentlich auch
Rückschläge zu verarbeiten, wenn ein neuer Gedanke in
der praktischen Anwendung seine erwünschte Wirkung
verfehlt. Verfolgen Sie beharrlich das Ziel, fortlaufend
noch etwas besser zu werden.

Teamgeist und Zusammenhalt in der Gruppe stärken

Beispiel

Sie sind als Leiter des technischen Servicecenters eines mittelständischen Unternehmens für Haushaltsgeräte tätig. Ihr Team bearbeitet Kundenanfragen zur Installation, Wartung und Reparatur der Produkte Ihres Hauses. Insgesamt gehören sieben Servicetechniker und zwei Sachbearbeiter, die für die Auftragsabwicklung und Buchhaltung zuständig sind, zu Ihrem Team. Zwei Teamassistenten unterstützen außerdem im Telefonservice und in der Auftragsannahme. Ihre Privat- und Firmenkunden werden vor Ort durch Ihre Servicetechniker betreut.

Aus Ihrer Sicht wäre es wünschenswert, dass im Team noch enger zusammengearbeitet wird. Sie beobachten gelegentlich ein „Lagerdenken" zwischen den Servicetechnikern einerseits und den Sachbearbeitern und Teamassistenten auf der anderen Seite. Dabei spielt es eine Rolle, dass einzelne Tätigkeiten als höherwertig angesehen werden. Aus Sicht der Sachbearbeiter genießen Ihre Servicetechniker mehr Freiheiten und haben anscheinend abwechslungsreichere Tätigkeiten. Die Servicetechniker wiederum fühlen sich nicht hinreichend durch die Backoffice-Mitarbeiter unterstützt und erleben sich oftmals als „Einzelkämpfer" beim Kunden.

Ihr Eindruck ist, dass die Abstimmung untereinander, z. B. bei unerwarteten Problemen im Kundenkontakt, besser sein könnte. Sie wünschen sich von Ihren Mitarbeitern, dass sie spontaner aufeinander zugehen. Die Gruppe sollte sich Ihres Erachtens auch mehr als Gemeinschaft fühlen. Sie wünschen sich dementsprechend mehr kollegiale Verantwortlichkeit.

Situationsbetrachtung

Ihnen kommt es darauf an, die gelegentlich aufkommenden Ressentiments im Team abzubauen. Nach Ihrer Auffassung erübrigt sich manche Auseinandersetzung, wenn respektvoller und wertschätzender miteinander umgegangen wird. Dazu gehört auch, sich stärker mit den Kundenerwartungen auseinanderzusetzen. Ihres Erachtens wird noch zu wenig an einem Strang gezogen. Ihre Mitarbeiter scheinen gelegentlich mehr an sich selbst und den eigenen Vorteil zu denken als an die gemeinsamen Ziele im Team.

Der spezielle Serviceauftrag Ihres Teams führt zu Belastungsspitzen, die bei den Einzelnen an den Nerven zerren und manchmal an die Substanz gehen. Anrufende Kunden verlangen eine schnelle Lösung für aufgetretene Probleme an den einzelnen Produkten. Nähere Analysen im Vorfeld sind für Ihre Servicetechniker aber unvermeidbar. Bei Reparaturanfragen ist die Fehlerdiagnose beispielsweise nicht ohne Weiteres möglich und erfordert mehrere Prüfschritte, die viel Zeit beanspruchen können.

Zeitweise reagieren Kunden gereizt, da sie nicht nachvollziehen können, warum sich die Problembeseitigung verzögert. Ihre Servicemitarbeiter werden in Einzelfällen sogar lautstark angegriffen und müssen viel Energie darauf verwenden, einen sachlichen Ton zu wahren und den Kunden wieder zu besänftigen.

Chancen

Sie versprechen sich von gezielten Aktivitäten zur Teamentwicklung eine deutliche Stärkung des Teamgeistes und eine höhere Arbeitszufriedenheit bei den Mitarbeitern. Wenn der innere Zusammenhalt im Team weiter steigt – so Ihre Hoffnung –, wächst zugleich die Belastbarkeit und persönliche Motivation Ihrer Teammitglieder. Durch vermehrte wechselseitige Unterstützung könnte gelegentlich unvermeidlicher Stress leichter abgebaut werden. Sofern jeder dem anderen bei aufkommenden Problemen zur Seite steht, klappt die Zusammenarbeit reibungsloser. Man geht mehr aufeinander zu und der Dialog untereinander verläuft in hektischen Phasen des Tagesgeschäfts weniger angespannt.

Sofern sich Ihr Team stärker als Einheit und Gemeinschaft erlebt, wird dies auch von den Kunden wohlwollend wahrgenommen. Die interne Geschlossenheit strahlt wahrscheinlich zu den Kunden aus: Der Umgangston im Kundengespräch wird noch freundlicher. Gelegentliche Unmutsbekundungen, etwa von reklamierenden Anrufern, werden gelassener aufgegriffen und durch einen ruhigen, sachlichen Ton in konstruktive Lösungsansätze umgewandelt. Mehr Teamgeist und ein ausgeprägteres Wir-Gefühl stärken den Einzelnen dabei, unvermeidliche Stresssituationen besser bewältigen zu können. Sie gehen davon aus, dass ein besserer Zusammenhalt im Team die Fehlerrate senkt und die Leistungsqualität steigert. Insofern versprechen Sie sich durch ein ausgeprägteres Teamdenken nicht nur mehr Mitarbeiterzufriedenheit, sondern indirekt sogar mehr Effizienz und eine erhöhte Kundenorientierung.

Herausforderungen

Die Planung einer Maßnahme zur Teamentwicklung erfordert von Ihnen als Führungskraft Zeit und Energie. Sie können noch nicht genau abschätzen, welche Themen später z.B. in einem Teamworkshop oder in einzelnen Gesprächsrunden jeweils eingebracht werden. Während bei Fachthemen in einer Abteilungsbesprechung ein klarer inhaltlicher Fokus gegeben ist, erfordert es die Auseinandersetzung mit Fragen der internen Kommunikation und Kooperation, sich auf einen vertieften Dialogprozess einzulassen. Durch gezielte gesprächsöffnende Fragen können Sie den Gedankenaustausch untereinander anregen:

- „Wie gehen wir miteinander um?"

- „Wo gibt es Reibungsverluste?"

- „Was können wir tun, um noch mehr zusammenzuwachsen?"

Unter Umständen wird vieles angesprochen, das eine nähere Betrachtung verdient. Dadurch können beispielsweise förderliche Klärungen im Miteinander eingeleitet werden. Es besteht aber auch die Gefahr, dass keine unmittelbaren Veränderungen im Teamklima eintreten – insbesondere dann, wenn keine verbindlichen Maßnahmen und Vereinbarungen festgehalten werden.

Achten Sie deshalb darauf, dass jeder einen erkennbaren Eigenbeitrag leistet, z.B. indem Sie Ihre Teammitglieder auffordern, sich folgende Fragen zu stellen:

- „Wie wirke ich selbst mit?"

- „Was stelle ich bei mir um?"

- „Welcher Nutzen entsteht dadurch für die Beteiligten?"

Falls nur der Schwarze Peter im Team herumgereicht wird und keiner einen ersten Schritt machen möchte, werden kaum Fortschritte zu erkennen sein. Jeder sollte Eigeninitiative ergreifen und bereit sein, sein persönliches Kommunikationsverhalten zu hinterfragen. Falls die einzelnen Teammitglieder vom Nutzen eines stärker teambezogenen Denkens nicht überzeugt sind, bleibt eher alles beim Alten.

Wägen Sie die Vor- und Nachteile unterschiedlicher Teamaktivitäten ab: Wodurch erreichen Sie am ehesten, dass die Gruppe mehr zusammenwächst? Denken Sie etwa an Outdoor-Teambuilding-Maßnahmen, gemeinsame Teamevents oder Unternehmungen außerhalb der Arbeitszeit, die den Kontakt untereinander fördern. Manchmal bieten sich eine After-Work-Party, ein gemeinsamer Ausflug oder eine spielerische Gruppenaktivität an. Unter Umständen liegt es aber näher, stattdessen mehr an den konkreten Fall- und Situationsbeispielen aus dem Tagesgeschäft zu arbeiten. Die einzelnen Teamaktivitäten schließen einander auch nicht aus. Es kommt jedoch darauf an, durch gute Vorbereitung einen Flop zu verhindern.

Vermeiden Sie es, Vorgaben zu machen oder die Gruppe von Ihrer Seite in eine bestimmte Richtung zu lenken. Es ist wesentlich für den Erfolg, dass die Teammitglieder selbst aktiv werden und eigene Ideen einbringen. Sonst besteht die Gefahr, dass Einzelne nur halbherzig mitwirken. Eine positive Wirkung wird unter diesen Umständen nicht erzielt oder verpufft später rasch wieder. Die Beteiligten müssen bereit sein, in das Miteinander durch eigenes Zutun zu investieren. Als Führungskraft können Sie zwar Wege für mehr Austausch und Gemeinschaftsdenken aufzeigen, letztlich hängt es aber von jedem Einzelnen und der sich im Team entwickelnden Gruppendynamik ab, ob das Wir-Gefühl sich tatsächlich günstig weiterentwickelt.

Empfohlene Maßnahmen

Richten Sie in Abteilungsbesprechungen den festen Besprechungspunkt „Unser Umgang miteinander" ein, etwa im Nachgang zur Besprechung der fachlichen Themen. Jeder erhält dabei die Gelegenheit anzusprechen, was ihn jeweils beschäftigt und welche Anregungen er geben möchte, um die Kommunikation im Team zu verbessern.

Initiieren Sie einen wöchentlichen Jour fixe, z. B. am frühen Freitagnachmittag, um sich in einer lockeren Atmosphäre, z. B. bei einer Tasse Kaffee oder Tee, in einer überschaubaren Zeitspanne von etwa 30 Minuten über alles auszutauschen, was angesprochen werden sollte. Geben Sie keine Themen vor, jeder kann spontan einbringen, was ihn beschäftigt.

Prüfen Sie die organisatorischen Möglichkeiten, um die Zusammenarbeit zwischen den Servicetechnikern, den Sachbearbeitern und den Teamassistenten noch stärker miteinander zu verzahnen. Dazu bietet es sich an, die funktionalen Abläufe unter Prozessaspekten hin zur Kundenwertschöpfung gesondert zu analysieren. Verdeutlichen Sie, dass jeder nur dann erfolgreich sein kann, wenn alle stärker im Team denken und handeln.

Sammeln Sie Vorschläge zu einer gemeinsamen Aktivität im Team, an der alle teilnehmen. Dabei können erlebnispädagogische Aspekte einfließen, z. B. bei einer Wanderung in der freien Natur, einer Kanufahrt oder bei einer spielerischen „Abenteuer"-Aktivität außerhalb des Unternehmens (z. B. Besuch eines Kletterparcours). Eine solche Maßnahme lässt sich auch mit einer Klausurtagung des Teams koppeln. Reservieren Sie dazu einen festen Zeitblock von ein bis zwei Tagen außerhalb des Tagesgeschäfts.

Führen Sie ein internes Informationssystem ein, das von allen Teammitgliedern gemeinsam aufgebaut wird. Dort wird festgehalten:

- Was haben wir im Team im letzten Monat erreicht?
- Welche Erfolge wurden erzielt?
- Wie wurde durch effektive Teamarbeit mehr Kundenzufriedenheit erreicht?
- Wie sind Kundenwünsche durch das Team erfüllt worden?

Bitten Sie jeden, Eintragungen vorzunehmen und eigene Erfahrungen anschaulich zu schildern. Sprechen Sie in Teamsitzungen wird über die einzelnen Beispiele, auch um neue Ideen für gute Teamarbeit zu entwickeln. Es findet jedoch keine individuelle Datenspeicherung statt.

Sprechen Sie in einer Abteilungsbesprechung an, welchen Beitrag Sie selbst zur Stärkung des Teamgeistes leisten möchten. Dazu können Sie auch die Gruppe um Vorschläge bitten: „Welche Anregungen haben Sie an mich als Führungskraft, um das Miteinander in unserem Team zu fördern?" Bitten Sie um freie Meinungsäußerung. Bedanken Sie sich für die Vorschläge und sichern zu, darüber in Ruhe nachzudenken. In einer darauf folgenden Teambesprechung erläutern Sie, welche Überlegungen Sie sich dazu gemacht haben und welche Maßnahmen Sie für sich und das Team daraus ableiten.

Auf den Punkt gebracht

Es ist eine Herausforderung für Sie als Führungskraft, den Zusammenhalt im Team zu fördern und das Wir-Gefühl auszubauen. Meist treffen in einem Team unterschiedliche Mentalitäten, Interessen und Stärken aufeinander. Diese Heterogenität birgt aber auch Chancen für die Teamkultur und die Gruppenproduktivität. Gerade dort, wo sich unterschiedliche Charaktere und Wissenskompetenzen wirksam ergänzen, können besondere Leistungen erzielt werden. Der interdisziplinäre Austausch und das faire Ringen um den besten Weg ermöglichen oftmals trotz gelegentlich abweichender Sichtweisen überzeugende Kundenlösungen.

Dies setzt allerdings einen gemeinsamen Willen, die konsequente Orientierung an den Kundenwünschen sowie wechselseitige Toleranz und Konfliktstabilität voraus. Als Führungskraft obliegt es Ihnen, die gemeinsamen Teamziele zu verdeutlichen und den besonderen Auftrag Ihres Teams herauszustellen.

Sie leisten einen positiven Beitrag zur Teamentwicklung, wenn Sie den Blick beispielsweise in gemeinsamen Besprechungen nicht nur auf fachliche Fragen richten, sondern auch auf ein konstruktives Miteinander und die Förderung der Selbststeuerung im Team. Ergänzend sind unterschiedliche Aktivitäten zum Teambuilding sinnvoll, die über das unmittelbare berufliche Arbeitsumfeld hinausgehen. Die Teammitglieder können hierzu eigene Vorstellungen einbringen und geeignete Maßnahmen in der Gruppe planen.

Teamziele ableiten und vereinbaren

Beispiel

Sie sind als Leiter der Abteilung Vertragsrecht in einem Finanzunternehmen für ein Team von sieben Mitarbeitern verantwortlich. Fünf Vertragsreferenten und zwei Sachbearbeiter beschäftigen sich vorrangig mit der inhaltlichen Prüfung von Kreditverträgen nach formalen, betrieblichen und gesetzlichen Anforderungen.

Zu Ihren Aufgaben gehört auch die Beratung der Geschäftsleitung zu aktuellen juristischen Fragen, z. B. bei internationalen Finanztransaktionen, bei der Neukonzeption von Vertragsmodellen und bei der Abwicklung komplexer Kreditgeschäfte. Sie arbeiten eng mit benachbarten Bereichen zusammen, insbesondere den Abteilungen für Kredit- und Bonitätsbewertung, dem Kundenservice, der Engagement-Überwachung und der betrieblichen Revision.

Der Vorstand hat für das neue Geschäftsjahr kürzlich Unternehmensziele verabschiedet, die für alle Unternehmensbereiche als Orientierung dienen. Dabei wurde neben den operativen Zielsetzungen für das geplante Neugeschäft und die angestrebte Umsatz- und Deckungsbeitragsentwicklung eine Strategiematrix für einzelne betriebliche Aktionsfelder erarbeitet.

Die strategischen Ziele beziehen sich auf die Erschließung neuer Kundensegmente, den künftigen Marktauftritt, die interne Prozessoptimierung, angestrebte Innovationen und eine veränderte Personalpolitik. Ein weiteres Strategiefeld betrifft den Wertekodex, das sozialverantwortliche Handeln und die gesellschaftlich-ökologische Verantwortung Ihres Unternehmens.

Der Vorstand wünscht, dass alle Führungskräfte für ihre Teams nachgelagerte Ziele ableiten und diese näher präzisieren, damit die Umsetzung der Gesamtstrategie gefördert wird.

Situationsbetrachtung

In Ihrer Abteilung für Vertragsrecht verfolgen Sie die Absicht, die für alle Mitarbeiter maßgeblichen Ziele gemeinsam in der Gruppe zu erarbeiten. Sie möchten dazu im Team zunächst die übergreifenden Rahmenziele vorstellen und verdeutlichen, welche neuen Aufgaben und Anforderungen auf Ihre Abteilung im nächsten Geschäftsjahr zukommen.

Ausgehend von bisherigen Gesprächen mit Ihren Vorgesetzten haben Sie bereits wesentliche eigene Ziele im Vorfeld entwickelt, die Sie nun mit Ihrem Team erörtern möchten. Nach Ihrer Einschätzung ist es zweckmäßig, wenn Sie Ihre Vorüberlegungen in einer Teamsitzung inhaltlich vorstellen und Ihre Mitarbeiter in die Zielkonkretisierung einbeziehen.

Gemäß Ihrem Verständnis sind Teamziele mess- und überprüfbare Ziele, die

1. von allen Mitarbeitern gemeinsam verfolgt werden,

2. das Erreichen der übergeordneten Strategiematrix fördern und

3. zu denen jedes Teammitglied einen persönlichen Beitrag leisten kann.

Davon abzugrenzen sind individuelle Ziele und persönliche Aufgabenschwerpunkte, die nur einzelne Mitarbeiter betreffen. Beispielsweise zählen zu den Teamzielen nicht die persönlichen Ziele und Tätigkeitsschwerpunkte Ihrer Rechtsreferenten und Sachbearbeiter, die Sie in Einzelgesprächen gesondert vereinbaren werden.

Die Teamziele beziehen sich auf den künftigen Auftrag Ihrer Abteilung. Zu berücksichtigen sind dabei die internen und externen Kundenerwartungen sowie die Erfolgskriterien Ihrer juristischen Serviceeinheit. Durch die gemeinschaftliche Vereinbarung von Teamzielen möchten Sie erreichen, dass an einem Strang gezogen wird und jeder Mitarbeiter in der Abteilung für den strategischen Wertschöpfungsbeitrag Ihres Teams sensibilisiert wird.

Chancen

Durch die Vereinbarung von zirka ein bis drei Teamzielen versprechen Sie sich einen Orientierungsmaßstab für Ihre Mitarbeiter, anhand dessen jeder sich in seinem Handeln auf die gemeinsame Teammission ausrichten kann. Die Leitfragen bei der Ableitung der Teamziele lauten dementsprechend:

- Worin besteht unser Auftrag?
- Was ist der Erfolgsmaßstab für unseren Leistungsbeitrag im Rahmen der unternehmerischen Gesamtstrategie?
- Woran erkennen wir, dass wir für unsere Kunden gute Arbeit leisten?

Jeder Mitarbeiter in Ihrem Team wird anhand der vereinbarten Teamziele angeregt, nicht nur seine persönlichen Aufgabenschwerpunkte in den Blick zu rücken, sondern auch das gemeinschaftliche Verfolgen von Zielen in Ihrer Abteilung.

Die Teamziele sollen nicht in Konkurrenz zu persönlichen Zielen oder Aufgabenschwerpunkten stehen, sondern diese sinnvoll ergänzen. Durch Teamziele wird nach Ihrer Auffassung auch die Team- und Projektarbeit in Ihrer Abteilung gefördert. Die Teamziele sollen von allen mitgetragen und als Chance für mehr Arbeitszufriedenheit verstanden werden. Sie streben an, die Teamziele aus dem Kreis Ihrer Mitarbeiter heraus zu entwickeln. Jeder soll sich mit deren Sinngehalt identifizieren können.

Gemeinsam mit Ihrem Team möchten Sie erarbeiten, welcher Anreiz für die Zielerreichung gestiftet werden kann. Ihnen schwebt vor, nichtmonetäre Faktoren in den Vordergrund zu rücken. Ein solcher Anreiz kann z. B. eine gemeinsame Teamaktivität oder eine andere, aus dem Team heraus entwickelte Initiative sein. Hierfür steht bei Bedarf ein gesondertes Budget zur Verfügung, das im Erfolgsfall ausgeschöpft werden kann.

Die Teamziele sollen als angemessen und zugleich motivierend erlebt werden und vor allem das gemeinschaftliche Handeln im Kreis Ihrer Mitarbeiter fördern. Ein konkurrierender Wettbewerb wird nicht angestrebt. Stattdessen soll sich jeder bewusst werden: Ihr Team kann die Kundenerwartungen nur durch wechselseitiges Handeln und durch ein von Vertrauen geprägtes Miteinander erfüllen.

Herausforderungen

Wenn Sie Teamziele gemeinsam mit Ihren Mitarbeitern entwickeln, werden Sie mit der Frage konfrontiert, welche Ziele besonders geeignet sind. Eine Gefahr besteht darin, dass manche Teamziele nicht durch alle Mitarbeiter gleichermaßen beeinflusst und verfolgt werden können. Einzelne können sich daher stärker für die Zielerreichung verantwortlich fühlen oder mehr belastet werden als andere. Die Beiträge Ihrer Mitarbeiter zur Erfüllung der Ziele sind wahrscheinlich unterschiedlich ausgeprägt. Dennoch sollten Sie anstreben, dass alle mitwirken können.

Manche Teammitglieder könnten bei der Zielverfolgung den Eindruck gewinnen, dass nicht alle mit vollem Einsatz auf die Zielerreichung hinwirken. Umgekehrt fühlen sich womöglich bestimmte Mitarbeiter unter Druck gesetzt, wenn andere sie zur stärkeren Mitwirkung bei der Zielverfolgung verpflichten wollen. Ein gewisses Maß an Gruppendruck im Sinne einer gegenseitigen Motivierung ist tolerabel. Unzumutbare Anforderungen oder die Überforderung Einzelner sind aber zu vermeiden. Es können leicht Unstimmigkeiten im Team aufkommen, falls der Eindruck entsteht, dass nicht jeder engagiert an der Zielverfolgung mitwirkt.

Stellen Sie sicher, dass durch Teamziele nicht indirekt Konkurrenz im Team ausgelöst oder individuelle Leistungen abgewertet werden. Ein Teamziel sollte letztlich von allen als attraktiv, herausfordernd und im Hinblick auf den gestifteten Nutzen als wertvoll erachtet werden. Dementsprechend bietet es sich an, qualitative Ziele mit Kundenbezug in den Mittelpunkt zu rücken, z. B. bessere Erreichbarkeit, zusätzliche Serviceangebote oder die gelungene Durchführung einer Kundenaktion.

Das Erreichen der Teamziele sollte zweifelsfrei zu überprüfen sein, am besten durch Einschätzungen aus Sicht neutraler Dritter. Beispiele hierfür sind die Senkung der Reklamationsquote oder die Verbesserung eines Messwerts, der aus einer

Kundenbefragung ermittelt wird. Ansonsten riskieren Sie ein hohes Maß an Subjektivität bei der Zielbewertung. Unnötige Diskussionen, ob ein Teamziel erreicht oder verfehlt wurde, sollten Sie vermeiden.

Empfohlene Maßnahmen

Erläutern Sie Ihrem Team für Vertragsrecht in einer Abteilungsbesprechung die neuen, übergreifenden Unternehmensziele, die Sie vom Vorstand und vom Führungskreis erhalten haben. Verdeutlichen Sie jeweils, inwiefern von Ihrer Abteilung ein gesonderter Beitrag erwartet wird. Stellen Sie ergänzend Ihre persönlichen Ziele vor, die Sie in Vorgesprächen mit Ihren Vorgesetzten als Arbeitsgrundlage entwickelt haben. Diese dienen als Rahmen für die Erarbeitung spezifischer Zielen in Ihrer Einheit.

Weisen Sie darauf hin, dass die nachgelagerten Ziele für Ihre Abteilung ein Leistungsbeitrag für das Erreichen der übergeordneten Unternehmensziele des kommenden Geschäftsjahres sein sollen. Dementsprechend benennen Sie folgende orientierende Leitfragen in einer Teambesprechung:

1. Was können wir beitragen, damit die Unternehmensziele in einzelnen strategischen Aktionsfeldern – z. B. Markt- und Kundenbeziehungen, Finanzen, Prozesse, Personalentwicklung – erreicht werden?

2. Welche Teamziele, an deren Erreichung alle gemeinsam mitwirken, können wir für uns im Team vereinbaren? Und was kann jeder Einzelne im Rahmen seiner Aufgabenschwerpunkte und persönlichen Ziele beisteuern?

Erläutern Sie, dass die individuellen Leistungsbeiträge ergänzend in Mitarbeiter- und Zielvereinbarungsgesprächen erarbeitet werden. Diese individuell geführten Gespräche dienen zur persönlichen Standortbestimmung und zur Festlegung neuer Ziele und Aufgabenschwerpunkte.

Bitten Sie sämtliche Teammitglieder um Vorschläge für Teamziele. Verdeutlichen Sie, dass die Teamziele bestimmte Anforderungskriterien erfüllen sollen: Mess- und Überprüfbarkeit, Relevanz für den Kunden, Mitwirkungsmöglichkeit bei der Zielverfolgung für alle Teammitglieder, Bezug zu den übergeordneten Unternehmenszielen, Förderung der Teamkommunikation und herausfordernder Charakter. Damit ist gemeint, dass anspruchsvolle, aber realistische und erreichbare Ziele auszuwählen sind.

Die Teamziele sollen von allen mitgetragen werden und nicht zur Konkurrenz untereinander führen. Vermeiden Sie eine unverhältnismäßig hohe Belastung Einzelner. Beschränken Sie die Zahl der Teamziele auf ein bis maximal drei und achten Sie darauf, dass diese Zeile plausibel und realistisch sind. Koppeln Sie die Teamziele nicht mit einem Bonus. Fordern Sie die Gruppe auf, Vorschläge zu entwickeln, welcher nichtmonetäre Anreiz für die Zielerreichung ausgewählt werden soll. Stellen Sie hierfür einen Budgetrahmen zur Verfügung. Der Anreiz soll von allen als attraktiv bewertet werden und dem gesamten Team zugutekommen.

Aus den gesammelten Vorschlägen werden diejenigen Teamziele ausgewählt, die das höchste Maß an Zustimmung erhalten und zugleich erkennbar als Beitrag zur Umsetzung des Teamauftrags und der übergeordneten Strategie gewertet werden können. Der Status der Zielverfolgung wird in unterjährigen Zwischengesprächen im Team eingeschätzt. Zum Ende des Geschäftsjahres wird ebenfalls im Team eine Bewertung durchgeführt, ob die Teamziele erreicht oder verfehlt wurden. Gründe für Erfolg oder Misserfolg werden gemeinsam in der Gruppe analysiert, um aus den gesammelten Erfahrungen zu lernen und Erkenntnisse für künftige Ziele abzuleiten.

Auf den Punkt gebracht

Teamziele bieten die Chance, die Aufmerksamkeit ergänzend zu den individuellen Leistungsbeiträgen auf gemeinsame, strategisch bedeutsame Absichten in der Abteilung zu lenken. Im Vordergrund stehen bei Teamzielen vorrangig die Förderung der internen Kooperation und Kommunikation sowie der herausfordernde Charakter für alle Beteiligten, einen besonderen Kundennutzen zu erzeugen. Teamziele bieten die Möglichkeit, alle Teammitglieder für die übergeordneten Unternehmensziele, den Teamauftrag und die Kundenerwartungen zu sensibilisieren.

Vermeiden Sie jedoch, durch Teamziele Konkurrenzdenken, überzogenen Gruppendruck oder unzumutbaren Stress zu erzeugen. Dementsprechend ist es wünschenswert, dass alle Teammitglieder bei der Formulierung der Ziele mitwirken und durch ihr eigenes Engagement auf die Zielerreichung Einfluss nehmen können. Nichtmonetäre, als attraktiv eingeschätzte Anreize, die wiederum den Gruppenzusammenhalt stärken, können die Akzeptanz von Teamzielen bei den Beteiligten fördern.

Leitlinien für Führung und Zusammenarbeit im Team umsetzen

Beispiel

Sie sind als Personalleiter in einem größeren Autohaus für die Personalbetreuung, die Personalwirtschaft und die Personalentwicklung verantwortlich. Gemeinsam mit Ihrem Team von fünf Personalreferenten, einem Teamassistenten und zwei Personalsachbearbeitern bearbeiten Sie sämtliche Fragen des Personalmanagements. Dazu gehören beispielsweise die Personalgewinnung, Einstellungen, Versetzungen, die Beratung der Führungskräfte in arbeitsrechtlichen Belangen sowie Verhandlungen mit der Arbeitnehmervertretung. Darüber hinaus koordinieren Sie gemeinsam mit einer Bildungsreferentin die Einarbeitung neuer Mitarbeiter und das bedarfsgerechte Qualifizierungsprogramm. Dies beinhaltet technisches Fachtraining sowie laufende Produkt- und Vertriebsschulungen, die vorrangig für die Kundenberater und Verkäufer Ihres Hauses angeboten werden.

Die Geschäftsleitung hat zur Weiterentwicklung der Unternehmenskultur im laufenden Geschäftsjahr eine Initiative gestartet, um die Führungskompetenz zu stärken und die bereichsübergreifende Kommunikation und Kooperation auszubauen. Gemeinsam mit einem Berater wurden Leitlinien für Führung und Zusammenarbeit entwickelt, die für alle Bereiche und Mitarbeiter einen Kodex des erwünschten Verhaltens im Umgang miteinander beschreiben. In einer hierarchieübergreifenden Arbeitsgruppe unter Einbeziehung sämtlicher Abteilungen im Haus wurden verbindliche Handlungsempfehlungen zur Förderung der übergreifenden Dialog- und Feedbackkultur entwickelt.

> *Von Ihnen als Personalleiter wird erwartet, dass Sie in diesem Prozess eine exponierte Rolle spielen und in Ihrem eigenen Zuständigkeitsbereich zeitnah geeignete Maßnahmen einleiten, um die Umsetzung der Leitlinien zu unterstützen.*

Situationsbetrachtung

Als Personalleiter haben Sie bereits bei der Entwicklung der neuen Firmengrundsätze maßgeblich mitgewirkt. Ihrem Selbstverständnis von guter Personalführung kommt es entgegen, dass die Geschäftsleitung die Einführung der Leitlinien zu einem Schlüsselprojekt im aktuellen Geschäftsjahr erklärt hat. Sie versprechen sich durch die konsequente Umsetzung eine Belebung der Führungskultur und eine Verbesserung der hausinternen Zusammenarbeit. In den Leitlinien wird gerade die interdisziplinäre und bereichsübergreifende Teamarbeit als wesentliche Voraussetzung für ein hohes Maß an Kundenorientierung aufgeführt.

Ihnen ist bewusst, dass die neuen Grundsätze zunächst nur „auf dem Papier" stehen und erst noch zum Leben erweckt werden müssen. Zwar begrüßen die Führungskräfte Ihres Hauses die Einführung ebenfalls, sie wissen aber auch, dass es noch ein weiter Weg ist, bis der hohe Anspruch der Leitlinien im Tagesgeschäft sichtbar verwirklicht wird.

Nach einer anfänglichen Euphorie und zunächst hohen Bereitschaft der Beteiligten, an der Umsetzung engagiert mitzuwirken, könnte später in der Hektik des betrieblichen Alltags doch vieles auf der Strecke bleiben. Die Leitlinien sollen nicht nach kurzer Zeit schon wieder in der Schublade verschwinden, sondern dauerhaft ins Bewusstsein sämtlicher Mitarbeiter gerückt werden.

Gerade die Führungskräfte werden darauf schauen, wie konsequent Sie selbst die Leitlinien in Ihrem eigenen Bereich praktizieren. Sie gelten insofern als wichtiger Wegbereiter bei der Implementierung. Dies nehmen Sie als eine besondere Verantwortung wahr, bei der Sie in Ihrer Vorbildrolle gefordert sind.

Chancen

Da Sie ein langjähriger Gesprächspartner der Geschäftsleitung sind, ist der Vorstand daran interessiert, gerade Ihre Vorschläge zur Umsetzung zu hören. Ihre Empfehlungen zum weiteren Vorgehen im Bereich des Personalmanagements wird man besonders würdigen. Sie können damit rechnen, dass beispielsweise neue Maßnahmen zur Förderung der Teamkultur begrüßt und durch ein zusätzliches Budget gefördert werden.

Anhand der schriftlich formulierten Leitlinien, die in einem anschaulichen Flyer zusammengefasst sind, können Sie mit Ihren Mitarbeitern in einen vertiefenden Dialog eintreten. Die weitere Vorgehensweise im Personalbereich besprechen Sie gemeinsam mit Ihrem Team:

- Was bedeuten die Leitlinien für uns? Wie gehen wir in unserer Abteilung mit ersten Schritten voran?

- Welche Maßnahmen können wir gemeinsam einleiten, um die Leitlinien umzusetzen? Welchen Beitrag kann jeder Einzelne leisten?

- Wie stellen wir sicher, dass die Leitlinien fortlaufend im Bewusstsein bleiben und als Orientierung für das eigene Verhalten dienen?

Durch die intensive Erörterung dieser Fragen im Team versprechen Sie sich eine Sensibilisierung Ihrer Mitarbeiter für die eigene Vorbildfunktion. Gerade Ihre Personalreferenten stehen in engem Austausch mit den operativen Bereichen des Hauses und können deshalb prägend wirken.

Herausforderungen

Sie rechnen damit, dass die Besprechung der Leitlinien für alle Beteiligten zusätzliche Energien erfordert. Eventuell ist eine persönliche Selbstverpflichtung nötig, um anhaltende Verhaltensänderungen zu bewirken. Da die Leitlinien auf einem hohen Abstraktionsniveau formuliert sind, kommt die Frage auf: Was bedeutet dies konkret im Hinblick auf wünschenswerte Umstellungen im Tagesgeschäft? In den Leitlinien heißt es exemplarisch:

„Wir gehen auf unsere Kolleginnen und Kollegen offen zu und suchen stets das vertrauensvolle Gespräch. Wir kommunizieren über Abteilungsgrenzen hinweg, um nötige Abstimmungen im Interesse des Kunden zügig herbeizuführen. Unser Verhalten ist durch Fairness und Respekt im Miteinander geprägt."

Sie gehen davon aus, dass solche Ausführungen spontan Zuspruch auslösen und sich jeder damit identifizieren kann. Allerdings ergeben sich daraus nicht automatisch Verhaltenskonsequenzen. Vielmehr muss jeder für sich ableiten, was für ihn daraus folgt.

Eine Gefahr besteht darin, dass zwar viele den Verhaltenspostulaten unmittelbar zustimmen, aber dennoch keine sichtbaren Verhaltensänderungen erfolgen: Jeder ist somit aufgefordert, den Sinngehalt des zunächst noch allgemein gehaltenen Verhaltenskodex in sein persönliches, situatives Handeln zu übersetzen. Dies erfordert einen ernsthaften Willen zur bewussten Verwirklichung und die innere Bereitschaft, fortlaufend über die einzelnen Verhaltenspostulate nachzudenken. Sonst ist es unwahrscheinlich, dass sie beständig als Richtschnur für das eigene Handeln genutzt werden.

Absichtserklärungen reichen nicht aus. Jeder muss bereit sein, Feedback einzufordern und entgegenzunehmen. Dazu gehört, sich selbstkritisch zu hinterfragen und im betrieblichen Alltag aus gesammelten Erfahrungen in unterschiedlichen Kommunikations- und Kooperationssituationen zu lernen. Der Aufwand der unternehmensweiten Einführung wäre nicht zu rechtfertigen, wenn daraus nur ein Kanon von gut gemeinten, aber letztlich unverbindlichen Handlungsmaximen entstünde. Insofern sind überprüfbare Verhaltensänderungen bei allen Beteiligten, sowohl auf der Führungsebene als auch in den einzelnen Teams, anzustreben.

Empfohlene Maßnahmen

Ergreifen Sie ausgehend von den verabschiedeten Leitlinien für Führung und Zusammenarbeit und dem neuen Konzept zur unternehmensweiten Führungskräfteentwicklung die Initiative. Berufen Sie eine Teamsitzung ein und bitten Sie sämtliche Mitglieder Ihres Teams vorab um eine intensive Lektüre der Leitlinien. Jeder Mitarbeiter soll offene Fragen sowie eigene Gedanken zur Umsetzung notieren und in der Sitzung ansprechen.

In Ihrer Teambesprechung mit dem Schwerpunktthema „Umsetzung der Leitlinien" erläutern Sie zunächst die Maßnahmen, die auf der Führungsebene bereits eingeleitet werden. Lenken Sie anschließend den Blick auf den Aspekt der internen Kommunikation und Kooperation. Dazu visualisieren Sie die Anmerkungen Ihrer Mitarbeiter geordnet nach Themenbereichen auf einem Flipchart oder einer Pinnwand. Legen Sie einen inhaltlichen Schwerpunkt auf die Frage: „Wie können wir die Leitlinien in unserem Team umsetzen?" Dazu greifen Sie drei Themenbereiche heraus:

1. Was können wir gemeinsam veranlassen, um unsere Zusammenarbeit gemäß den Leitlinien zu verbessern?

2. Was kann jeder Einzelne beitragen, um sein eigenes Verhalten stärker an den Leitlinien auszurichten?

3. Welche Anregungen geben wir im Haus weiter, z. B. an die Geschäftsleitung, an Nachbarbereiche oder an verbundene Prozessstufen, um ein Verhalten zu fördern, das den Leitlinien entspricht?

Bitten Sie Ihre Mitarbeiter, über die gesammelten Anregungen nachzudenken und eigene, überprüfbare Verhaltensziele zu präzisieren. Setzen Sie für die nächsten Abteilungsbesprechungen einen festen Tagesordnungspunkt an, in dem über die kontinuierliche Umsetzung der Leitlinien gesprochen wird. Dazu wird jeweils erörtert:

• Wer im Team hat was wie verwirklicht?

• Welche Erfahrungen wurden gesammelt?

• In welche Richtung können weiterführende Aktivitäten eingeleitet werden? Wer übernimmt hierfür die Verantwortung?

Bringen Sie sich auch selbst ein, indem Sie über die von Ihnen initiierten Maßnahmen und daraus gewonnene Erkenntnisse berichten.

Jeder Mitarbeiter verfasst eine persönliche Selbstverpflichtung: „Mein Beitrag im Rahmen der Umsetzung: Was möchte ich erproben, neu einführen oder verändern, um mich stärker an den Leitlinien zu orientieren?" Beispiele lauten: vorbildliches Kommunikationsverhalten, bei Ausführung der eigenen Aufgaben bessere Abstimmungen im Team treffen, Kontaktverhalten im Kundendialog verbessern, frühzeitig auf Nachbarbereiche zugehen usw. Jeder stellt seine Selbstverpflichtung im Team vor, nimmt Rückmeldungen entgegen und beschreibt, anhand welcher Überprüfungskriterien er sein Verhalten weiterentwickeln möchte.

In ergänzenden Gesprächsrunden mit ausgewählten Nachbarabteilungen werden Anregungen gesammelt, wie die bereichsübergreifende Kommunikation im Sinne der Leitlinien gefördert werden kann. Darüber hinaus werden mit internen und externen Kunden strukturierte Gespräche zum Gedankenaustausch über die Leitlinien geführt: Haben maßgeblich beteiligte Dritte hilfreiche Anregungen?

Anstehende Maßnahmen der Weiterbildung und Teamentwicklung, z. B. ein geplanter Teamworkshop zur Qualitätsförderung und Prozessoptimierung, werden ausdrücklich in Bezug auf die Leitlinien vorbereitet. Sie prüfen, inwiefern anstehende Fach- und Produktschulungen unter den Vorzeichen der Leitlinien neu ausgerichtet werden können. Künftige Projekt- und Fachbesprechungen beleuchten Sie dahin gehend, wie eine leitlinienkonforme Gestaltung erreicht werden kann.

Sie verstehen die normativ ausgerichteten Leitlinien für Führung und Zusammenarbeit nicht nur als ethisch-moralischen Verhaltenskodex, sondern als verbindlichen Ausgangspunkt für die partizipative Organisations- und Teamentwicklung.

Setzen Sie sich dafür ein, dass sämtliche kommunikativen und kundenorientierten Aktivitäten im Wertschöpfungsprozess aus einer übergeordneten Perspektive gemäß den Leitlinien beleuchtet werden. Dadurch wird eine verstärkte Eigenreflexion und die selbstkritische Handlungsüberprüfung bei allen Beteiligten angestoßen. Dies verdeutlichen Sie exemplarisch in Ihrem Verantwortungsbereich, dem Personalwesen.

Wirken Sie bevorzugt bei Ihren eigenen Mitarbeitern darauf hin, dass sie die Leitlinien konkret auf das eigene Verhalten beziehen: „Was können *wir als Team* bzw. *ich selbst* zur Umsetzung beitragen?" Achten Sie darauf, dass aus diesem Dialog- und Reflexionsprozess überprüfbare, wünschenswerte Verhaltensweisen resultieren.

Auf den Punkt gebracht

Die Einführung von Leitlinien für Führung und Zusammenarbeit im gesamten Haus bietet Ihnen die Chance, die Dialog- und Feedbackkultur im eigenen Team auf den Prüfstand zu stellen. Als Teamleiter setzen Sie sich dafür ein, vorbildliche Formen der Kommunikation und des kundenorientierten Verhaltens bei allen Teammitgliedern zu verankern.

Durch exemplarische Initiativen im Führungsverhalten und in der kollegialen Teamarbeit sowie durch anschauliche Selbstverpflichtungen setzen Sie im eigenen Verantwortungsbereich Akzente, die für andere Abteilungen als Maßstab dienen. Sie beraten und coachen Ihr Team, um die Orientierung Ihrer Mitarbeiter an den gemeinsam erarbeiteten Leitlinien zu fördern.

Literaturempfehlungen

Achouri, C.: Wenn Sie wollen, nennen Sie es Führung. Systemisches Management im 21. Jahrhundert. Offenbach: Gabal, 2011.

Bergdolt, R.: Führung im Unternehmen. Praxisbuch für aktives Mitarbeitermanagement. München: C.H. Beck, 2014.

Bill, G.: Sieben Prinzipien gelassener Führung. Weinheim: Wiley VCH, 2010.

Brandt, J.; Oehmke, K.: Führen auf Augenhöhe. Kollegen und Teams motivieren und leiten. Hamburg: Cornelsen, 2010.

Christiani, A.; Scheelen, F. M.: Stärken stärken. Talente entdecken, entwickeln und einsetzen. München: Redline Wirtschaft, 2008.

de Hoop, R.: Spitzenteams der Zukunft. So spielen Virtuosen zusammen. Offenbach: Gabal, 2014.

Doppler, K.; Lauterburg, Ch.: Change-Management: Den Unternehmenswandel gestalten. 13. Aufl. Frankfurt/M.: Campus, 2014.

Douma, E.: Mitarbeiterführung: Crashkurs. Hamburg: Cornelsen, 2010.

Edmüller, A.; Jiranek, H.: Konfliktmanagement. Freiburg: Haufe Lexware, 2010.

Fehlau, E.G.: Konflikte erfolgreich managen. Freiburg: Haufe Lexware, 2014.

Fischer, J. & Nöllke, M. (Hrsg.): Management. Was Führungskräfte wissen müssen. 4. Aufl. Freiburg: Haufe, 2010.

Gawrich, R.; Topf, C.: Das Führungsbuch für erfolgreiche Frauen. München: Redline, 2012.

Gratz, W.: Gesund führen. Mitarbeitergespräche zur Erhaltung von Leistungsfähigkeit und Gesundheit in Unternehmen. Wien: Linde, 2014.

Gremmers, U.: Neu als Führungskraft. So werden Sie ein guter Vorgesetzter. 2. Aufl. Hannover: Humboldt, 2010.

Groth, A.: Führungsstark in alle Richtungen: 360-Grad-Leadership für das mittlere Management. Frankfurt/M.: Campus, 2010.

Haberleitner, E.; Deistler, E.; Ungvari, R.: Führen, Fördern, Coachen – So entwickeln Sie die Potenziale Ihrer Mitarbeiter. München: Piper, 2014.

Haller, R.: Checkbuch für Führungskräfte. Freiburg: Haufe Lexware, 2012.

Hering, R.: Leadership statt Management. Führung durch Motivation. Bern: Haupt, 2010.

Hofbauer, H.; Kauer, A.: Einstieg in die Führungsrolle. Praxisbuch für die ersten 100 Tage. 3. Aufl. München: Hanser, 2011.

Jenewein, W.; Heidbrink, M.; Heuschele, F. (Hrsg). Begeisterte Mitarbeiter. Wie Unternehmen ihre Mitarbeiter zu Fans machen. Stuttgart: Schäffer-Poeschel, 2014.

Klein, S.: Rein in die Führung. Top-Manager erläutern ihre Erfolgsstrategien. Offenbach: Gabal, 2010.

Kratz, H.-J.: Chef-Checkliste Mitarbeiterführung. Die 100 wichtigsten Regeln. 9. Aufl. Regensburg: Walhalla, 2012.

Kratz, H.-J.: Stolpersteine in der Mitarbeiterführung: So werden Sie vom Erfolgsbremser zum Erfolgssteigerer. Regensburg: Walhalla, 2009.

Kunz, G.: Vom Mitarbeiter zur Führungskraft – Die erste Führungsaufgabe erfolgreich übernehmen. 2. Aufl. München: C.H. Beck im dtv, 2012.

Kunz. G.: Neu in der Führungsrolle. So behaupten Sie sich und setzen gezielt Akzente. München: C.H. Beck im dtv, 2012.

Kunz. G.: Personalführung. Die 20 wichtigsten Instrumente. München: C.H. Beck kompakt, 2014.

Lang, K.: Personalmanagement 3.0. – 22 Kernkonzepte aus der aktuellen Führungspraxis. Wien: Linde, 2014.

Löhken, S.: Leise Menschen – starke Wirkung. Wie Sie Präsenz zeigen und Gehör finden. Offenbach: Gabal, 2012.

Malik, F.: Führen – Leisten – Leben. Wirksames Management für eine neue Zeit. Stuttgart: DVA, 2000.

Manktelow, J.: Stress managen. Offenbach: Gabal, 2009.

Meifert, M. T. (Hrsg.): Führen. Die erfolgreichsten Instrumente und Techniken. Freiburg: Haufe, 2011.

Meifert, M. T. (Hrsg.): Management Coaching. Freiburg: Haufe, 2012.

Mentzel, W.: Personalentwicklung. Wie Sie Ihre Mitarbeiter erfolgreich fördern und weiterbilden. München: C.H. Beck im dtv, 2008.

Nöllke, M.: In den Gärten des Managements: Für eine bessere Führungskultur. Freiburg: Haufe, 2011.

Oppermann-Weber, U.: Praxis der Mitarbeiterführung. Mannheim: Cornelsen Scriptor, 2011.

Schmidt, R.: Selbstmanagement. Crashkurs. Hamburg: Cornelsen, 2010.

Schulz, R.: Toolbox zur Konfliktlösung. Konflikte schnell erkennen und erfolgreich bewältigen. Freising/München: Stark, 2012.

Schwanfelder, W.: Der glückliche Manager. Warum Glück Ihren Erfolg potenziert. München: Ariston, 2011.

Straub, D.: Change Management: Das Zugvogel-Prinzip. München: Hanser, 2013.

White, D.; von Knauer, M.: Miese Chefs. München: Ariston, 2011.

Witt-Bartsch, A.; Becker, T.: Coaching im Unternehmen. Freiburg: Haufe Lexware, 2010.

Stichwortverzeichnis

Der Autor

Gunnar C. Kunz, Diplompsychologe, ist selbstständiger Managementberater und Coach in Ginsheim-Gustavsburg. Er hat bereits zahlreiche Bücher zum Thema „Karriere- und Führungskräfteentwicklung" verfasst. In der Reihe Beck-Wirtschaftsberater im dtv sind von ihm die Bände „Neue Perspektiven im Job", „Vom Mitarbeiter zur Führungskraft" und „Neu in der Führungsrolle" erschienen. Für die Reihe Beck kompakt verfasste er den Titel „Personalführung. Die 20 wichtigsten Instrumente".

Impressum:
Verlag C. H. Beck im Internet: www.beck.de
ISBN: 978-3-406-68418-0
© 2015 Verlag C. H. Beck oHG
Wilhelmstraße 9, 80801 München

Satz: Fotosatz Buck, Kumhausen
Druck und Bindung: Beltz Bad Langensalza GmbH,
Neustädter Str. 1-4, 99947 Bad Langensalza
Umschlaggestaltung: Ralph Zimmermann – Bureau Parapluie
Umschlagbild: 1©monkeybusiness – depositphotos.com

Gedruckt auf säurefreiem, alterungsbeständigem Papier
(hergestellt aus chlorfrei gebleichtem Zellstoff)